U0390939

# 生命探索

## ——写给教师的生物学史

赵婷婷 / 著

UNITY PRESS 團結出版社

**图书在版编目（CIP）数据**

生命探索：写给教师的生物学史 / 赵婷婷著. --北京：团结出版社，2024.6

ISBN 978-7-5234-0839-1

Ⅰ. ①生… Ⅱ. ①赵… Ⅲ. ①生物学史 Ⅳ. ①Q

中国国家版本馆 CIP 数据核字（2024）第 050791 号

---

**出　版**：团结出版社
（北京市东城区东皇城根南街 84 号　邮编：100006）
**电　话**：（010）65228880　65244790（出版社）
**网　址**：http：//www. tjpress. com
**E-mail**：zb65244790@ vip. 163. com
**经　销**：全国新华书店
**印　装**：北京荣泰印刷有限公司

---

**开　本**：145mm×210mm　32 开
**印　张**：8.5
**字　数**：180 千字
**版　次**：2024 年 6 月　第 1 版
**印　次**：2024 年 6 月　第 1 次印刷

---

**书　号**：ISBN 978-7-5234-0839-1
**定　价**：58.00 元

# 目 录 | CONTENTS

## 第二部分　分支学科发展脉络梳理

# 前　言

科学史作为沟通文理的桥梁，一直是通识教育的组成成分，受到大众的喜爱。喜欢科学的人与喜欢历史的人，都有可能对科学史萌生兴趣并进行研究。而对广大教师来说，科学史又承载着另一份意义——辅助教学的良好材料。2017版高中生物学课程标准明确指出要“注重生物科学史和科学本质的学习”，各版教材也均呈现了大量科学史内容，教师们也普遍认可科学史具有丰富的教育价值，可以帮助学生实现概念构建、提高生物学学科核心素养并加深对科学本质的理解。

要实现上述意图，在教学中用好科学史材料，首先需要教师对科学史材料有较为深入的理解。目前已有许多研究针对具体科学史内容进行分析或编排教学设计案例，也有大部头的生命科学史著作可供一线教师参阅。但前者只针对少量材料，无法帮助教师形成系统认识，即使教师想举一反三也无从下手；而后者重在科学史呈现，不会从教师角度对材料进行剖析，教师易迷失于浩瀚的材料中，而忽视其教育价值。为帮助广大一线教师更好地利用科学史材料，也为帮助教师教育工作者顺利开展服务于基础教育的HPS教育，我们需要一部站在教师角度的生物学史著作。

本书在长期生物学史相关课程教学工作的基础上，对生物学史料进行了系统梳理。书中首先展现了学科的整体发展脉络，帮助读者建立宏观认识，并借助从盖伦到哈维的科学革命介绍了一些科学哲学内容。随后，本书展现了各个分支学科的具体发展情况，并对其中的一些重要里程碑性研究进行了详细分析，如细胞学说、促胰液素的发现、发酵问题、达尔文进化论的核心、孟德尔的贡献与被忽视原因、艾弗里体外转化实验、DNA双螺旋模型的建立等，力图帮助读者厘清这些教材中的史料的前因后果，达成更深刻的理解，从而能在未来的工作中更好地运用它们。

当然，生物学史内容之广泛，绝非一本小书可以涵盖。本书所能做到的只是帮助读者开一扇窗，提供一些新的思路。要深刻理解生物学史，实际上不仅需要熟悉史料，还要对生物学本身的知识有较为清晰的认识，对哲学（包括广义的哲学和科学哲学）、历史（包括政治经济史、文化史、哲学史、其他学科的科学史）、科学社会学等都有一定把握。这绝非一日之功，笔者也同样行走在这条不断学习的道路上，让我们一起同行，终身学习。

当然，本书也同样适用于对生物学史感兴趣的非教师读者们，不论您是生物专业的学生，还是非生物专业但对生物学感兴趣的爱好者，相信都能通过对本书的阅读获得一些收获。

由于笔者水平有限，本书不可避免地存在着讲得不够透彻的地方，也有可能存在着某些笔者未能发现的错误。若读者在阅读中发现任何问题，欢迎您进行反馈，在此诚挚感谢。

第一部分

# 生物学发展的整体脉络

# 第一章　史前史时期的生物学萌芽

“生物学”（Biology）一词，是在1802年由拉马克（Jean-Baptiste Lamarck，1744—1829）提出的，从这个角度来看，生物学还是一门很年轻的学科。但从词源来看，biology一词源自希腊文bios（生命）和logos（逻各思，可意译为道），可见这是一门研究生命的学问。由此观之，生物学又是一门非常古老的学科。从人类出现于这个世界开始，就不可避免地要与各种生物打交道，在此过程中，远古时期的人类积累起了一定的生物学知识，并形成了对自然界的朴素认识。

## 1.1 原始人类的生物学知识

在漫长的人类历史中，绝大多数的时间属于所谓“史前史”时期，没有正式的历史记载，人类生活于不同阶段的原始社会。

在不同学者笔下，原始社会的时期划分存在着差异，如我们熟知的“旧石器时代”与“新石器时代”就是一种划分方式。实际上，不同的分类方法存在一定的共性，一般认为在不同时期中人类获取食物的方式由采集-渔猎转为种植-驯养，同时人类生活方式也由迁移变为定居，族群人数随之大大增加。

采集-渔猎时期是人类历史中最长的一段时期，人类经历了直立行走、产生语言、使用与制造工具、并学会使用火，每一项都对人类发展至关重要并影响深远。这一时期中，原始人类最早具备的科学知识就是初步的生物分类学知识。人们需要记住哪些植物可以食用、哪些植物是有毒的、哪些动物便于狩猎、哪些动物要尽量避开，并在迁移至新的栖息地时也运用先前记住的这些知识，而这正是分类思想的运用。族群中有经验的人会将自己的经验告知其他人，从而形成了知识的传承。另外，除了食用效果，原始人类也发现了一些生物材料的药用效果，虽然这种原始医学与巫术往往密切关联，但确实是医学的萌芽。

种植-驯养时期，人类普遍已经进入新石器时代，定居生活，形成一个个村落，产生原始农业和原始畜牧业。种植与驯养都离不开对“优良性状”的选择，这些性状对野生生物未必有益，但对人类获取更多的食物非常有帮助。经典例子是野生小麦和种植小麦的对比：野生小麦种子易于脱落，便于风或动物对种子进行传播，而种植小麦恰恰相反，利于人类收割。用今天的视角来看，种植和驯养是一个人工选择的过程。同时，人类自己也随之发生了改变，比如，要持续获得小麦，人类就需要在收割后于合适的时间地点进行播种，随着人口密度的提高，想获得更多的食物还需要对麦田进行精心打理。以此类推，种植-驯养时期内，人类与所驯化的生物发生了协同进化。

种植–驯养时期的原始人类具备了更深刻的生物学知识，除了分类知识以外，他们还展现出了初步的生理学、遗传学与生态学知识。种植作物需要了解适于其生长的生活环境及其季候，需要摸索适宜的栽培方法并不断积累经验，也需要在育种中逐步筛选出更多具备人类所需要性状的个体。驯养动物同样需要了解其所需的生活环境，需要知道其繁殖方式及生殖周期，也需要在育种中进行人工选择。这些知识口耳相传，成为每个族群中的宝贵财富。

中国历史上同样经历了上述的发展历程，这既反映在神话中，也有出土文物的佐证。伏羲氏“做结绳而为网罟”教大家如何捕鱼，就反映了渔猎生产方式的产生；神农氏既“尝百草”又教人们“播种五谷”，则明显代表了原始医学与原始农业的萌芽，同时也反映出从采集到种植的生产方式的转换。同样的，各个遗址的考古结果显示，生活于中国的原始人类驯化了多种动植物。植物包括水稻、粟、小豆、葫芦、芜菁、核桃、枣等，其中水稻至今依然是我国最为重要的作物之一，它的驯化在整个人类历史上有着重要意义。动物包括狗、猪、牛、羊、鸡等，另外，距今五六千年前的遗址中就出现了人工割裂的蚕的茧壳和丝绸残片[1]，说明中国人对蚕的利用也有着悠久历史，对未来丝绸之路的开启有着深远影响。

整体而言，采集-渔猎时期人类对自然的利用偏于被动，而种植-驯养时期则转为主动对自然进行改造，过程中不可避免地对自然界产生了一定的负面影响，如“刀耕火种”的耕作方式就对自然环境造成了破坏，不过当时人口密度毕竟有限，所以这种影响也有限。而生物学知识方面，史前时期已经产生了多个生物学分支学科萌芽，但这些认识全都与实践密不可分，还停留在感性认识阶段，距离真正的概念形成与知识体系建立还有着非常遥远的距离。

## 1.2 原始人类的思想认识

除了一定的知识与技能，原始人类也对自然界产生了自己的思想认识。对当时的人类来说，自然界是他们赖以生存的环境，同时又显得神秘莫测，很容易让人产生敬畏心理。在这种心理的驱动作用下，原始人类持有万物有灵的观念，认为每一种自然现象都受到神秘力量的支配，并逐渐产生了巫术与宗教。一般认为巫术产生较早，背后的思想是通过一些行为逼迫自然界做出相应的反应，而宗教产生较晚，背后的思想是通过一些行为祈求自然界背后的神对人类给予回应。

由于万物有灵的观念，原始人类有着非常普遍的自然崇拜现象，对象包括日月星、风雨雷、江河湖海、动植物、人类生殖器等。自然崇拜的对象以动物为最多，并逐渐发展为图腾崇拜。“图腾”（totem）一词源于印第安语，由清代学者严复（1854—1921）引入，意指原始人类认为某种动物或自然物与自己氏族存在血缘关系，以其作为氏族标志。在世界各国和各个民族，都有着图腾崇拜的痕迹，例如我国史记中记载“天命玄鸟，降而生商”，一般认为玄鸟即燕子，也就是商部族历史上以玄鸟作为图腾。古突厥人、古回鹘人、古罗马人均曾以狼为图腾，这体现在他们的旗帜或徽章上。而后来的神话中更是处处有迹可循，例如女娲氏与伏羲氏人首蛇身的形象，一些民族的神话传说中的重要角色“盘瓠”为五色犬，后来为犬首人身，等等。

在分析世界各国的原始神话时，我们还可以看到很多共性。例如自然神都占据着最重要的地位，几乎都在混沌中产生天地，各种自然物质或自然现象都被神化，并且存在着关于人类起源的神话。中国由于历史久远且一直存在传承，流传至今的神话很可能已非本来面目，所以自然神的体现并不明显，但也有风云雨电诸神的影子，另外很多少数民族神话中雷神是主神，与其他原始神话是类似的。

为什么世界各地的神话存在相似性？实际上，神话中蕴含了原始人类对自然和自己的思考。人们不理解自然现象是如何产生的，但人类对因果性的天然关注驱使古人类必须要找出原因，于是他们将自然现象都赋予了神性。以雷为例，我们可以想象在远古时期，雷对人类来讲是多么充满震慑力而不可思议的存在。原始人类不得不思考：为什么打雷时有剧烈的闪光和震耳欲聋的声响？为什么劈下的雷如此有力量，可以毁掉树木，也可以杀死人畜？为什么打雷的同时也伴随着珍贵的雨水？为了解释这一切，各国神话中都存在雷神，在一些神话系统中还处于主神的地位，通过雷神的存在，原始人类的好奇心得到了满足。再比如四季轮回这一与农业密切相关的自然现象，很多神话中都有着相应的解释：可能是源于某个少年的青春、死亡与复活，也可能是源于某位女神的欢愉与悲痛。人们会跟随相应的解释举行相应的仪式，并按时进行农业生产。总之，原始神话的体系是自洽的，有着对自然现象的解释，有着朦胧的世界规则。虽然古人的认识水平并不高，但驱动他们提出“为什么”的好奇心是走向科学的第一步，正是由追寻原因和规则开始，人类走上了“爱智慧”之路。

# 第二章　古代文明的贡献

随着人类族群的扩大和金属工具的使用，生产力有所提升，社会组织更为复杂化，文字也被发明出来，人类在不同地区先后进入了文明时代。

## 2.1 四大文明古国

提起文明，必然要谈到世界闻名的四大文明古国，它们分别是古埃及、古巴比伦、古印度和中国。四大文明古国都处于大河流域，且纬度相近，当时的气候很适于人类生存，相对优越的自然环境使得古人类在这些地方最早安定地生活下来，并形成了发达的农业和畜牧业，进而建立了国家，形成了最早的文明。在漫长的文明进程中，四大文明古国都有自己的神话传说，都有自己的文字，都有一定的科学成果，对今人有着深远的影响。

### 2.1.1 古埃及

尼罗河是世界第一长河，由南向北注入地中海，古埃及文明在此孕育产生。下埃及王国建立于尼罗河下游三角洲，上埃及王国建立于南部的尼罗河河谷。在长期的混战后，约公元前3100年，上埃及征服下埃及，建立了统一的埃及王国。几千年王朝更迭，至公元前525年，埃及被波斯帝国征服。公元前332年，亚历山大大帝战胜波斯，占领埃及，尼罗河口建立的亚历山大城成为希腊化世界的经济与文化中心，但此时埃及文明本身已荣光不再。

古埃及的象形文字是世界上最古老的文字体系之一，出现于约公元前3500年，由于象形文字只有祭司才懂，后来失传。1798年，拿破仑远征埃及，其手下军官于转年发现一块黑色玄武岩石板，即大名鼎鼎的罗塞塔石碑，石碑上刻有希腊文、埃及象形文字和埃及古文通俗体。法国学者商博良（Jean François Champollion，1790—1832）对其研究十几年，终于借助几种文字间的对应关系破译了埃及象形文字，使这种古老而失传已久的文字重见天日。1968年，诺贝尔奖授予遗传密码的破译者，颁奖词即以罗塞塔石碑的破译作比，比喻非常精当。古埃及象形文字是腓尼基人创造的字母文字的源头之一，腓尼基字母后来传入古希腊，产生希腊字母，衍生出拉丁字母和斯拉夫字母，成为欧洲字母文字的主要来源。

古埃及的神话是多神体系，体现了自然崇拜，很多神的形象都是半人半兽的，古埃及人对自然动植物的崇拜可能与他们的文明是建立在绿洲上的有关，他们的自然崇拜实际上是对生命力的崇拜，是热爱生命的体现。古埃及人认为人死后会是另一个开始，并且这个来世才是永恒的，对死后的生活十分重视，这种世界观解释了他们为何对制造木乃伊和建造金字塔如此痴迷。

古埃及的天文历法和实用几何学都非常发达，这与应用有关。天文历法自不必提，各大文明古国均有自己的一套体系。实用几何学与尼罗河泛滥后重新丈量土地的需求存在一定关系，而其应用于世间的直观杰作就是金字塔。

在生物学方面，古埃及具有发达的农业和畜牧业，解剖学和医学在古代也是较为发达的。古埃及的农作物品种丰富，有大麦、小麦和亚麻，还有胡萝卜、黄瓜、莴苣、葱、蒜、葡萄、枣椰、无花果和橄榄树等，人们驯养了羚羊、驴、骡、马、绵羊、骆驼、鹅、鸭等多种动物。古埃及人知道心脏是全身血液的中心，并且认识到动物的寄生对疾病很重要[2]。

### 2.1.2 古巴比伦——两河文明

西亚地区的幼发拉底河与底格里斯河孕育了两河文明，该流域史称美索不达米亚平原，希腊语意为“两河之间的地方”。在这片土地，古苏美尔人建立了许多奴隶制城邦国家。公元前2300年左右，闪米特人首次统一众多城邦，建立阿卡德王国。其后，两河流域战乱频仍，又经历了国家更迭。公元前19世纪，阿摩利人建立了古巴比伦王国，在汉谟拉比（约公元前1792—公元前1750年）时期达到全盛，统一两河流域，其后逐渐衰落。之后又有亚述王国和新巴比伦王国，最后于公元前538年被波斯人征服。

苏美尔人在约公元前3000年开始使用楔形文字，直至公元前后，才被字母文字所代替。楔形文字是腓尼基字母文字的另一大源头，对欧洲影响巨大。

古巴比伦神话，确切说是更古老的古苏美尔神话，也是自然神为主的多神体系，但传承至今的故事并不丰富。而闪米特人虽然信奉一神教，但受苏美尔神话的影响很深，从圣经中可以看到很多苏美尔神话的影子。

两河流域的古文明在天文历法和数学方面都很有成就。人们运用了10进制、12进制和60进制；将一年划分为12个月，将一天划分为小时，小时内又包含分和秒；并对天体运行进行了观测，划分出黄道十二宫。

天文学的发达与农业需求密切相关，在公元前3000年前，苏美尔人就已经懂得按照全年节令的变化去进行农业劳作，并同样驯化了许多动植物。古巴比伦的医学在整个西亚享有盛名，汉谟拉比法典中已经将医生明确规定为一种职业，并反映出内科与外科的差别[3]。出土的古书板上记录了医生的处方，显示出古巴比伦人使用各种生物和矿物制作药品，不过此时对天然药物疗效的了解尚处于摸索阶段，而且医学与巫术也难以区分开[3]。古巴比伦人还知道枣树有两性之分，了解可以从雄蕊取得花粉涂在雌蕊上[2]。

### 2.1.3 古印度

古印度文明的形成，得益于发源于喜马拉雅山脉的印度河和恒河。约公元前2300年，印度河流域形成了相当发达的哈拉巴文明，约公元前1750年灭亡。其后，雅利安人逐渐在恒河流域建立起灿烂的吠陀文明，直到约公元前6世纪进入列国时代，陷入分裂，之后先后遭到了波斯人和希腊人的入侵。在亚历山大大帝撤出后，印度人建立了孔雀王朝（约公元前324—公元前187年），在阿育王时期统一印度达到鼎盛，但阿育王死后（公元前232年）印度恢复了列国时代的分裂状态，再也没有统一过。

哈拉巴文明使用的是象形文字，随着哈拉巴文明的灭亡而失传，至今未被解读。而我们所熟知的梵文，是恒河文明的创造者雅利安人的发明。

印度的神话系统最早也是自然神为主的多神系统，后来由于各种宗教的影响多经演变。印度神话的哲学味道颇为浓厚，典型

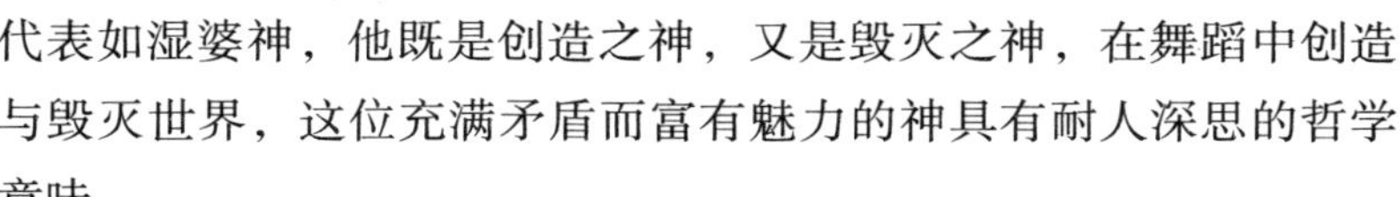

代表如湿婆神，他既是创造之神，又是毁灭之神，在舞蹈中创造与毁灭世界，这位充满矛盾而富有魅力的神具有耐人深思的哲学意味。

印度人在天文历法与数学方面同样有辉煌的成就。我们今天使用的阿拉伯数字实际上是印度人的发明，之所以得名为阿拉伯数字是因为阿拉伯人将其传播到了欧洲。印度人还发明了“0”。

生物学方面，哈拉巴文明时代就已经成功栽培了燕麦、麦子、豌豆、扁豆和棉花等作物，对动物也多有驯养；而吠陀时代的印度医学已经有相当精细的分科，《妙闻集》中还记录了不少高难度的手术，如白内障摘除术、结石切除术等[3]。

### 2.1.4 古代中国

华夏文化发源于黄河与长江，两条大河均孕育了灿烂的文明，其中黄河文明我们更为熟悉，夏商周一脉相承，而三星堆文明则展示了长江文明的魅力。到秦统一六国时，黄河文明与长江文明已经实现了交融。

中国的神话已经为后人所不断改编，不大看得清本来面目，但可以确定的是我们同样具有创世神话和人类的起源神话，中国神话同样灿烂辉煌。

古代中国在天文与数学方面都有很大成就，各种伟大的发明创造不可胜数，在此不再赘述。下文主要介绍中国历史上在生物学方面的发展。

早在青铜器时代，中国人民对于动植物和人体就已经有一定了解了，这体现在甲骨文中。甲骨文中黍、粟、麦、稻等字都是从“禾”的，而桑、柳、柏、杏等都是从“木”的，说明当时人们已经具有了初步的分类思想。鹿、麝、麋、麞几个字，都有共同的象形的“鹿”作为其基本形制，说明人们已经将一些相似的动物归为一类。另外，甲骨文的麓字像鹿在山林中间，以鹿栖息在山林中来表现山麓，说明古代中国人民对生物与环境关系有所了解。而头、面、口、耳、心等字，则表明当时人们已经有了一些关于人体的知识。

古籍《夏小正》是中国现存最早的一部基于农业的历书，被视为反映了夏代的情况[1]。书中记载了许多物候知识，包括植物的生长、开花、种子成熟的时期，也包括动物的迁徙、活跃、繁殖、冬眠等时期，涉及动植物几十种，充分反映出古人对动植物的细致观察。另外，《夏小正》中还有非常明显的不同物种间相互转化的描述，如一月“鹰则为鸠”，九月“雀入于海为蛤”，很多内容后来写入了《礼记》，为知识分子所熟记。实际上，这些描述应是出于古人对生物在不同季节的出现频率不同而做出的错误归纳，并不正确，但它们影响了中国古人形成“物种可变”的观念，这与欧洲“物种不变”的传统是不一致的[4]。后来进化论在中国的传播颇为顺利，并没有受到什么阻力，很大程度上可归功于这种物种可变的观念传统。

《诗经》是我国的著名经典，为公元前11世纪至公元前5世纪的一部诗歌总集，这部书涉及大量动植物名称和动植物与环境关系的描述，共提到143种植物，109种动物[2]，包括的生物种类非常广泛，也反映出当时已经驯化的作物与动物。在这一时期，人们已经根据树木的形态对树木进行分类，《周南·葛覃》中有“黄鸟于飞，集于灌木”，而《周南·汉广》中有“南有乔木，不可休息”，“灌木”和“乔木”的名称一直沿用至今。人们还知道不同的环境适合生长的动植物是不同的，《郑风·山有扶苏》中有“山有扶苏，隰有荷华……山有乔松，隰有游龙”，《唐风·山有枢》中有“山有枢，隰有榆……山有栲，隰有杻……山有漆，隰有栗”，说明人们知道有些植物生长于较

为干燥的山上，有些植物生长在低湿的地方；《小雅·鸿雁》中有“鸿雁于飞，集于中泽”，《小雅·鹤鸣》中有“鹤鸣于九皋”，《周南·葛覃》中有“黄鸟于飞，集于灌木”，说明人们知道鸿雁和鹤生活在沼泽地，而黄鸟生活于灌木林。《诗经》中还有物候知识，如《豳风·七月》，既有“四月秀葽”“七月亨葵及菽”“八月断壶”“九月叔苴，采荼薪樗”“十月纳禾稼”的植物物候知识，也有“五月鸣蜩”“斯螽动股”“六月莎鸡振羽”、蟋蟀“七月在野”“八月在宇”“九月在户”“十月入我床下”的动物物候知识。更为重要的是，孔子（公元前551—公元前479年）对《诗经》给出了“诗，可以兴，可以观，可以群，可以怨。迩之事父，远之事君，多识于鸟兽草木之名”的评价，“多识于鸟兽草木之名”被后世儒家弟子视为进行动植物观察与著述的理由，对中国基础生物学发展造成了积极影响。

汉初的《尔雅》是中国古代最早的一部解释词语的著作，全书19篇，最后7篇为《释草》《释木》《释虫》《释鱼》《释鸟》《释兽》和《释畜》，大类下又分小类，很多编排都是符合现代分类学的结果的。

对《诗经》和《尔雅》中动植物知识的注释有很多，影响最大的是三国时吴人陆机[①]的《毛诗草木鸟兽虫鱼疏》和晋代郭璞（276—324）的《尔雅注》，记述均非常详细，是中国传统生物学的重要组成部分。

中国动植物分类学多出于应用目的，最为发达的是药用动植物著作，这方面的著作有名的有西汉的《神农本草经》、五代陶弘景（456—536）的《本草经集注》、北宋苏颂（1020—1101）的《图经本草》、明朝朱橚（1361—1425）的《救荒本草》和李

---

① 生卒年不详，并非文学家陆机。

时珍（约1518—1593）的《本草纲目》。此外还有地方植物志和各种动植物谱录，内容较为广泛，花卉谱录较多。而植物分类方面最重要的著作是清朝吴其濬（1789—1847）的《植物名实图考》，它除了涉及药用与农用植物，也记录一部分与实用无关的种类，开始由实用向纯粹植物学转变，但仍属中国传统生物学的范畴。

中国在人体解剖和测量方面有良好的开端，《灵枢》和《难经》显示出汉代及此前的中国医学是很重视人体解剖与测量的，对脏器与骨骼均有数据流传下来[4]，可惜随着主流思想的变化，这种重视在后世没有坚持下去。中医学是中国特有的文化瑰宝，自春秋战国到汉唐，我国已经建立了一个独特的完整的古医药学体系。中医典籍中很早就提出了类似于血液循环的概念①，不过这可能是由于阴阳循环的哲学理念导致的思辨性看法，与哈维通过实验验证所建立起的完整血液循环体系还是不同的。

中国古代对生态学方面的动植物地理分布、地形对植物分布的影响、动物间的相互关系等都有所记述，典型例子如《禹贡》中记述了不同地区的土壤和植被，《管子·地员》篇描述了山地不同位置植被的差别和湿地地区从水生到旱生不同植物的分布序列[1]。而最为重要的是，中国古代人民清楚地认识到对自然环境要适度利用，注意保护，不能过度开发。孟子（公元前372—公元前289年）时，有识之士已经明确认识到不恰当的利用会对环境造成破坏，而国家要繁荣发展必须注意对环境的保护，“不违农时，榖不可胜食也；数罟不入洿池，鱼鳖不可胜食也；斧斤以时入山林，材木不可胜用也”。《荀子》和《淮南子》中也有类似的表述，这是可持续发展思想在古代的体现，我们对此要给予特别的

① 《黄帝内经》载“诸血皆归于心”“经脉流行不止，环周不休”。

重视。并且古代有专门的政府官员负责保护自然资源，也有法律来给予保证[2]，这是我们应该投以关注并发扬光大的。

## 2.2 古希腊

四大文明古国在生物学方面都积累了很多知识，但这些知识往往只与应用密切相关，缺乏抽象思辨，而在思辨方面做出突出贡献的是古希腊的哲学家们。不同于其他古文明均属于大河文明，古希腊文明属于海洋文明，其海上贸易发达，所处地理位置又可以很好地吸收古埃及和两河流域的文化，兼容并蓄。古希腊哲学具有较强的非功利性质，如柏拉图（Plato，公元前427—公元前347年）讥讽过几何学或天文学需要服务于实际功用的说法，这就使古希腊学者所发展的知识与其他文明古国应用性的知识区分开来。当然，随着时代发展，到希腊化时代，著名学者阿基米德（Archimedes，公元前287—公元前212年）的研究已经有了很强的应用性，只是依然很重视理论本身，这是希腊文明的特色。

### 2.2.1 早期自然哲学

希腊最早的哲学是自然哲学，自然（nature）一词在这里实际上是指本原。我们常说提出问题是走向科学的第一步，而希腊人提出的第一个问题就是世界的本原。本原的问题实际上包含两层问题，一是本质，就是万物存在的根源，一是原则，就是万物变化的规律[5]。我们可以看到，科学所要回答的一切问题实际上都包含在这两个问题当中了。古希腊哲学家认为自然界的规律是我们所能够认识的，这构成了后世一切科学发展的基础。

前苏格拉底时期的希腊哲学家们对“本质”的回答分别是“一”和“多”，对“原则”的回答分别是“变化”和“不变”[5]，下面分别进行简单介绍。

2.2.1.1 爱奥尼亚派——变化的一

米利都的三位自然哲学家与以弗所的赫拉克利特（Heraclitus，盛年约公元前504—公元前501年）对世界本原的回答都是一种物质的千变万化，他们都是爱奥尼亚地区（位于爱琴海东岸，今属于土耳其）的人，后人称之为爱奥尼亚学派。

最早对本原的问题做出回答的是米利都的泰勒斯（Thales，盛年约公元前585年），他认为万物源于水。这是希腊人第一次用非神话宗教的观念去解释自然，以经验中实在的东西作为万物的基础。当然，泰勒斯所说的水与我们日常生活中的水是有区别的，他的水实际上是一种哲学概念。亚里士多德（Aristotle，公元前384—公元前322年）推测泰勒斯会将水作为本原可能是由于他观察到了一切事物的营养物都是湿的，动物的生活更是离不开水，同时也指出神话中水神的古老可能也是原因之一[5]，从这里我们又可以看到神话的影响。处于哲学发展萌芽期的泰勒斯不可能完全摆脱神话的影响，而且神话中确实蕴涵着先民的感性经验，从中进行哲学思辨的抽提是顺理成章的。泰勒斯本人并不是无神论者，但从他开始，对自然现象的解释不再依赖于非自然力量，而是可以通过自然本身加以分析，所以泰勒斯是当之无愧的西方哲学-科学的开创者。

米利都的第二位自然哲学家是阿那克西曼德（Anaximander，盛年约公元前570年），他认为本原为“无定”，它可以转化为我们所熟悉的万物，万物间又可以转化，但最终归于它。“万物所由之而生的东西，万物消灭后复归于它，这是命运规定了的，因为万物按照时间的秩序，为它们彼此间的不正义而互相偿补”[6]。他是第一个使用“本原”一词的人，并且明确提出了运动的原因。他所说的命运，实际上是指规则，这种规则不是神定的，而

是非人格的客观存在。

阿那克西曼德还有他独特的生物起源说：最早的生命在原始的温暖与潮湿环境中自发产生，鱼是最早的生物，考虑到人类婴儿如此软弱无助，他认为人类也是起源于一种像鱼一样的生物，逐渐适应陆地生活并褪去鱼皮[7]。有很多人认为阿那克西曼德提出了最早的进化思想，但是综合进化论的代表人物迈尔（Ernst Mayr，1904—2005）认为这只是一种自然发生论，而不是真正的进化思想[8]。

米利都学派的第三位自然哲学家是阿那克西美尼（Anaximenes，盛年约公元前546/545年），认为万物本原是气，综合了泰勒斯的“水”和阿那克西曼德的“无定”的特点。他认为气稀释而为火、凝聚而为水，水凝聚而为土，万事万物由此形成。

爱奥尼亚派的最后一位自然哲学家是以弗所的赫拉克利特。他认为世界的本原是火，“世界秩序不是任何神或人所创造的，它过去、现在、未来永远是永恒的活火，在一定分寸上燃烧，在一定分寸上熄灭”。这个“分寸”他称为逻各斯（logos），这个词含义非常丰富与复杂，有语言、说明、尺度、比例、理性、规则等多方面含义，在哲学中它代表万物混乱外表下的理性的秩序与规则。赫拉克利特的火与逻各斯是一体两面的，外在是火，内在则是逻各斯[5]。

2.2.1.2 毕达哥拉斯学派——不变的多

毕达哥拉斯（Pythagoras，盛年约公元前532/531年）认为世界的本原是数，这大大提高了人类抽象思维的能力，并且开创了注重物质间数量关系的传统。毕达哥拉斯学派对柏拉图影响很深，而西方科学的发展很大程度上受到毕达哥拉斯-柏拉图主义的影响，有将一切经验现象以数学规律进行概括的倾向，特别是物理学。不过，沿着这一传统向前走到极致，就是对思想的极度信任和对感官的极度不信任，这一点对科学发展是不利的。

2.2.1.3 爱利亚派——不变的一

巴门尼德（Parmenides，盛年约公元前500年），是爱利亚派的代表人物。他认为本原是“是者”，这个本原不再是万物的起始，而是事物的本质，是事物之所以为该事物的原因。巴门尼德对科学的最大影响是他分辨了“真理之路”和“意见之路”，也就是明确区分了理智和感觉，自此开始，围绕着感官是否可靠，理智与感觉谁更重要，争论就不曾停止过。我们认为感官的确不是完全可靠的，但是过犹不及，忽略现实世界的经验对科学有害无利。

2.2.1.4 从四根说到原子论——变化的多

恩培多克勒（Empedocles，约公元前495—公元前435年）认为事物的本原不是一种物质，而是土、气、火、水按不同的比例混合组成的，称为“四根说”。虽然他并未使用元素一词，但实际上是将土、气、火、水列为了四种元素，对后世影响颇大。另外两个重要的概念是“爱”和“恨”，前者使元素聚拢，后者则使它们分开。恩培多克勒认为心脏是血管系统的中心，也是生命的中枢。他还有一种很奇特的起源说，认为最初产生的生物并不完善，存在着许多“没有头颈的脸，没有肩胛到处游荡的手臂，还有独立的眼睛在四处流浪，寻找着前额”，然后凭机遇互相组合，形成各种各样的生物，这些生物中很多都无法生存，最后只有几种保存下来了[7]。有人认为这是原始的自然选择进化论，但迈尔认为这只是一种粗糙的随机组合的理论，与自然选择学说相去甚远[8]。

另一位学者阿那克萨戈拉（Anaxagoras，约公元前500—公元前428年）认为本原是“种子”，不同的物质由不同的“种子”组成，而事物的动因是“奴斯”，该词本义为心灵、转义为理性。

“种子说”是“四根说”与“原子论”的中间学说。

德谟克利特（Democritus，盛年约公元前435年）继承和发扬了留基伯（Leucippus，约公元前500—公元前440年）的原子论，认为万物都是由原子组成的，而原子间存在着虚空。这种观念是纯思辨的产物，在古代影响并不大，但是它依然是古希腊的宝贵遗产，特别是现代原子学说诞生后，人们重新对古希腊原子论津津乐道。德谟克利特著作涉及的方面很多，可惜大多失传。在生物学方面，他将动物分为有血动物和无血动物，后为亚里士多德采用，他认为大脑是思维的器官，还关注过骡的不育现象，这在后来是遗传学上的重要问题[7]。

### 2.2.2 另一个传统——希波克拉底的医学

古希腊生物学的另一个传统来自医学，而希波克拉底（Hippocrates，约公元前460—公元前370年）是古希腊医学的集大成者。

希波克拉底提出“体液学说”，认为人体由血液、黏液、黄胆汁、黑胆汁四种体液以不同比例构成，体液平衡失调时人就会患病，可以看出体液学说明显受到了恩培多克勒四根说的影响。这一学说从人体自身寻找患病原因，摆脱了“神赐疾病”的束缚，医学从巫术和宗教中获得了独立。

与德谟克利特一样，希波克拉底认为脑是意识的中心。他还具有较为成熟与自洽的遗传学观点，认为看不到的颗粒“种子”是遗传的物质基础，身体的每个部位都会产生种子，后天获得的一些性状也可以遗传给后代。我们将会在拉马克与达尔文（Charles Darwin，1809—1882）那里再次看到这些观点。

希波克拉底“强调的是病人而不仅仅是疾病，注重观察实践而不仅仅是理论，尊重事实和经验而不仅仅是哲学体系”[7]，这种理念影响深远。世界医学会制定的《日内瓦宣言》就是在著名的希波克拉底誓言的基础上修改的，标明了医生所应共同遵循的医学伦理，其核心理念——尊重病人与生命——跨越两千年时光别无二致。

### 2.2.3 雅典时期

希腊哲学发展到顶峰，是在雅典。从苏格拉底（Socrates，公元前469—公元前399年）开始，哲学跨入了一个新纪元，哲学家们关注的主题更为广泛，理论也更为宏大而具系统性。

苏格拉底是古希腊著名的思想家、哲学家、教育家，学过西方教育史的人对他肯定都不陌生，他的“助产术”式教学法开西方启发式教学之先河。他未曾对科学进行什么研究，但是“认识你自己”这一对西方影响极大的箴言是自他开始发扬光大的。我们应当学习先贤，反躬自省，特别是了解自己的无知，这样才能激发更强的求知欲，更广泛而深刻地吸取知识的营养。

柏拉图是整个西方文化最伟大的哲学家和思想家之一，他与老师苏格拉底和学生亚里士多德并称为古希腊三大哲学家。柏拉图持有“理念论”，认为可感事物只是“流动”的，而“理念”才是永恒的，我们对前者只能有意见或看法，对后者才能有理性的认识。柏拉图对“理念”的强调对后世科学思想影响很深，特别是对物理学，但对生物学一定程度上可以说是有负面影响的[8]。因为生物学非常重视个体生物的多样性，物种就是在多样性的基础上才会经由自然选择等过程发生变化。而按照柏拉图的理论，物种的“理念”具有永恒性，个体的差异不值得关注，它们背后的“本质”才值得研究。持有这种观点的人被称为“本质论”者，可想而知，他们必然同时持有物种不变的观念。

亚里士多德是古希腊哲学的集大成者，他还是古希腊哲学家

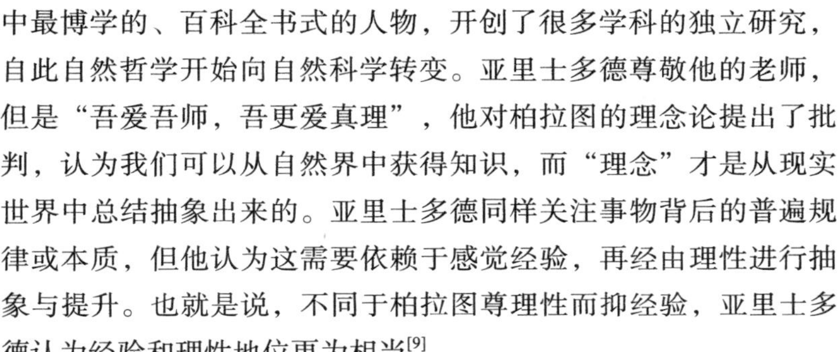

中最博学的、百科全书式的人物，开创了很多学科的独立研究，自此自然哲学开始向自然科学转变。亚里士多德尊敬他的老师，但是“吾爱吾师，吾更爱真理”，他对柏拉图的理念论提出了批判，认为我们可以从自然界中获得知识，而“理念”才是从现实世界中总结抽象出来的。亚里士多德同样关注事物背后的普遍规律或本质，但他认为这需要依赖于感觉经验，再经由理性进行抽象与提升。也就是说，不同于柏拉图尊理性而抑经验，亚里士多德认为经验和理性地位更为相当[9]。

亚里士多德发扬了古希腊对因果性的认识，提出四因说，包括“质料因”，构成物质的材料；“动力因”，事物变化的原因；“形式因”，事物的性质；“目的因”，对自然界追问“为什么”的最终答案。四因说是对古希腊因果性思辨的总结，其中的目的因自近代以来一直广受批评，但是对于生物学来说，目的论解释实际上广泛存在，只是要对它进行重新区分与审慎辨析。迈尔将目的性一词区分为四重含义[8]，一是程序目的性活动（Teleonomic activities），即“某一生理过程或行为之所以有目的性是由于某种程序的运行而引起”，在现代生物学的语境下，这里的“程序”实际上就是指遗传程序，当我们分析某些生理过程或行为为何会出现时，直观答案就是受遗传程序操控；二是规律目的性过程（Teleomatic processes），即严格按照物理定律而活动的过程，如石块的坠落符合引力定律；三是业已适应的系统（Adapted systems），生物的许多生理功能与行为都具有明显的适应性，近期原因是遗传程序，而进一步追溯远期原因时，我们会发现生物所表现出的一切适应性都是漫长历史中自然选择的结果；四是宇宙目的论（Cosmic teleology），追寻超自然的最终原因，只有这种目的论被现代科学所彻底摒弃，因为亚里士多德本是在研究个体发育的基础上提出目的论的，但是他却错误地将其运用到非生物界。总结起来，目的论观点对生命科学来讲焕发着新的活力，不过在教学中要注意教学语言，比如不能说鱼流线型的身体是“为了”便于游泳，而应该强调自然选择+遗传程序的力量：正是由于鱼有流线型的身体，才能在水中良好地生存，而这种对环境的适应是进化的结果。

在亚里士多德所涉猎的各种学科中，他对生物学的影响尤为广泛而深刻，称其为生物学的奠基者毫不夸张。后文按分支学科介绍生物学发展时，许多学科都始于亚里士多德的研究，他的主要研究方向为动物学，涉及分类、解剖、遗传、生殖、胚胎发育等方面。

亚里士多德著有《动物志》《论动物的结构》《动物的繁殖》等。他通过观察将动物分类，这种分类是先从整体上再从部分性状上进行的，虽然他举过一些动物分类的例子来说明他的“二分法”①，但是他在实际进行动物分类时使用的并不是这种简单的一分为二的方法，而是较为灵活，注重动物的整体特征[8]。在他将动物按照其结构的复杂程度进行自然分类之后，得到了一个以人和哺乳动物为最顶端，而低等植物在最底层的生物阶梯图，这一阶梯被称为自然阶梯。两千年后，当这个静态的阶梯与时间联系起来，它就染上了进化的味道。当然，系统发生树比自然阶梯要复杂得多。

亚里士多德将动物的繁殖方式分为有性繁殖、无性繁殖和自然发生。直到巴斯德（Louis Pasteur，1822—1895），才彻底推翻了自然发生说。对于动物的胚胎发育，亚里士多德曾提出预成论（preformation，又称先成论）和渐成论（epigenesis，又称后成

① 一种逻辑分类方法，将集合中的存在按某种标准先分为两大类，再将每个大类继续划分为两小类，以此类推。

论）两种可能的发育模式，预成论认为微型的个体在发育起点就已经存在，而渐成论者则认为每个个体都是从一团没有分化的物质开始逐渐形成的。预成论与渐成论之争贯穿于胚胎学的发展过程中，直到近代遗传物质的发现才告以终结。

亚里士多德对生物学的研究往往聚焦于意义，用今天的视角来看，他关注生物结构与活动的适应性意义，并追寻背后的原因，不满足于提出“怎样”的问题，而要进一步提出“为什么”的问题，我们后文会看到，提出“为什么”对生物学研究来说至关重要。从各种意义上讲，亚里士多德都是当之无愧的生物学创始人。

亚里士多德往往会被当作一名提出了各种错误观点的“权威”来加以介绍。实际上，虽然作为一名两千多年前的学者，亚里士多德的科学知识不可避免地存在许多错误，他所建立的世界观也早已被推翻，但他所传授的科学方法时至今日也毫不过时，“周密而正确地观察、收集各方面的事实、从事实出发进行演绎推论”，这些他工作中的精神实质基本都被他的追随者遗忘了，人们只是将他的词句作为僵化的经典，而这实非先贤的本意[7]。这给我们两个启示：一是对历史人物做出评价时必须考虑其所处历史背景，不要用现代的科学知识体系去评价古人的知识，这未免不公平；二是不要树立权威，我们要向伟人学习，但坚决反对神化的权威。

### 2.2.4 希腊化时代

希腊化时代在生物学上的成就主要在解剖学和医学方面，希罗费罗斯（Herophilus，约公元前330或320—公元前260或250年）和埃拉西斯特拉塔（Erasistratus，约公元前325—公元前255年）是当时非常著名的两位解剖学家。

希罗费罗斯[7]被称为“古代的维萨里”，他绘制了神经系统的全图，包括大脑、脊髓和神经的连接；反对亚里士多德心脏是智力中心的说法，而认为大脑才是神经系统的中心；描述了消化系统；区分了动脉与静脉，但反对当时流行的动脉运气静脉运血的说法，认为动脉与静脉均运送血液，并试图采用仪器测量脉搏；他对希波克拉底的体液论并未完全反对，提出有四种机能控制身体，消化器官与肝脏的营养功能、心脏的温暖功能、神经的敏感与知觉功能和大脑的推理力。在医疗实践中，他主张采用放血和多种药物混合而成的复合药物治疗疾病。

埃拉西斯特拉塔[7]记述了心脏的结构包括半月瓣、二尖瓣和三尖瓣，认为心脏起泵的功能；开创了乳糜管的研究；他的学说中最值得注意的一点是认为动脉与静脉间存在肉眼看不见的联系，不过他对循环系统的很多其他描述并不正确，比如他认为正常状态下动静脉相互独立，动脉只携带空气，病理状态下才会连接。

## 2.3 罗马时代

罗马时期最值得一提的生物学方面的科学家是盖伦（Galen，129—199，也译作盖仑），他是希波克拉底之后最负盛名的医生，是第一流的解剖学家，堪称古希腊罗马医学的集大成者。

盖伦在解剖与生理方面很有成就，是西方医学的重要奠基者之一。他的科学成就包括：证明了神经起源于大脑和脊髓，而不是亚里士多德所说的心脏，并进行了一系列实验探索不同部位的脊髓损伤对机体的影响，发现脊神经左右分工是相对独立的，因为切断一侧脊神经会导致偏瘫而不是截瘫，另外脊髓上的纵向切口并不会导致瘫痪，因为纵向切口不会导致神经纤维的大量截断[10]；通过实验证明尿液在肾脏而非膀胱中形成；通过实验证

明动脉血液中含有血液而不像传统看法那样只含空气；通过喂给猪不同的食物并检验胃中的内容物来研究消化力，等等。这种通过一定的实验来进行研究的方式甚至让我们看到了现代科学的影子。不过作为一个生活于公元2世纪的古人，盖伦的理论也必然存在着主观臆测的成分：食物中包含着的营养在肝脏消化后产生血液和自然灵气，由静脉运输，血液运输至心脏后，心脏产生热量和生命灵气，动脉就负责运输富含生命灵气的动脉血，血液运输至大脑后，大脑产生动物灵气，并分布于神经系统。另外，他认为血液如海潮一样有涨有落，而非循环往复[7]。

盖伦的解剖学与生理学知识是由解剖动物而来的，所以不可避免地存在很多错误，例如他认为心脏中间的隔膜是有小孔的，静脉血自此由右侧进入左侧，转变为动脉血。但由于他是神创论者，认为生物精妙的结构体现造物主的智慧，他的三灵气说又与基督教三位一体的神学观点恰巧暗合，所以在中世纪重新发现盖伦的著作后，他的学说就成为了绝对的信条。这对科学事业和盖伦本人都是不幸的，因为盖伦曾经强调过，认识人体的奥秘虽然一方面要靠学习经典，但是即使是“对伟大的希波克拉底的著作也一定要通过直接走进大自然和观察动物的结构与功能来证实和考察”[7]。与亚里士多德一样，盖伦也是权威化与教条化的牺牲品。

# 第三章　文艺复兴到近代科学

## 3.1 从维萨里到哈维——一场科学革命

### 3.1.1 解剖学的发展

文艺复兴指自13世纪末至17世纪初，在意大利兴起，后扩展至欧洲各国的一场持续几百年的思想文化运动。随着地理大发现和东西方文化交流的增加，文艺复兴时期的博物学家和医生们所面对着的植物、动物和疾病是希波克拉底、盖伦和普林尼所不知道的[7]，这大大激发了人们探索自然的求知欲。

文艺复兴时期，随着对人的重视，很多画家都开始追求精确的人体结构的绘画，解剖知识对画家变得十分重要。达·芬奇（Leonardo da Vinci，1452—1519）是其中的代表人物，他掌握了大量的解剖知识，似乎还采用了很多新颖的解剖学研究技术，不过如他的大部分作品一样，他关于人体解剖的伟大著作并未完

成。解剖学的另一个重要发展场所是大学中，不过，在当时的大学，教师与学生都不亲自参与解剖，而是由教师照着盖伦的经典讲解，由技术并不娴熟的技师或理发师展示尸体的器官和组织，两者往往不同步，学生也常常看不清“演示实验”所演示的东西。

维萨里（Andreas Vesalius，1514—1564）对大学中的这一传统深恶痛绝，他在巴黎大学求学期间，曾经到公墓去观察散落在地的无主尸骨并记录笔记[10]，到帕多瓦大学任教后，他也坚持自己动手进行解剖，每次都引来很多学生观摩。在大量尸体解剖的实践后，他将自己关于人体解剖的知识汇集为一部伟大的解剖著作《人体的结构》，该书出版于1543年。十分巧合的是，哥白尼（Nicolaus Copernicus，1473—1543）的《天球运行论》同样出版于这一年。两部杰作分别向天与人方面的权威发起了挑战，后人称此为科学革命。

维萨里的《人体的结构》共七卷，包括骨骼系统、肌肉系统、血液系统、神经系统、消化系统、内脏系统和脑、垂体与眼睛，插图丰富精美，由提香的一位学生绘制。在书中，维萨里指出了盖伦的很多错误，例如人的腿骨是直的，心脏中膈的微孔并不存在。

维萨里写道[11]：“我在这里并不是无故挑剔盖伦缺点，相反地，我肯定盖伦是一位解剖家。他解剖过很多动物，但限于条件，就是没有解剖过人体，以致造成许多错误。在一门简单的解剖课程中，我能指出他的两百种错误。但我还是尊重他”，这为我们提供了评价前人的优秀范本。

由于对盖伦的学说提出了异议，更由于研究结果在某些人看来有与圣经相违背的地方（男性与女性肋骨数量一致），维萨里受到了很多攻击，不得不结束教职，前往西班牙，做了一名宫廷医生，晚年因病死于朝圣归航的途中。关于维萨里这趟朝圣之旅的原因，有两种说法，一种是因某种原因，被宗教裁判所判定需进行朝圣以赎罪，另一种是他本人想要离开宫廷，回到帕多瓦大学去执教，所以借朝圣脱身[10]。目前看来第二种可能性更大，但毕竟时间久远，史料真伪已很难考证，这也成了历史上的一桩悬案。

攻击者对维萨里的研究结果与盖伦不一致的地方给出了自己的解释，如人的腿骨在盖伦时期是弯的，而后来的着装发生变化，所以变直了。这种今天看来匪夷所思的解释充分反映了证据与理论之间的关系：我们进行观察或实验时不是纯然客观的，对研究结果往往可以给出多重解释，选择哪种解释会受到理论本身的影响。但不论当时的反对声多么激烈，最终维萨里的理论受到了普遍认可，这也反映出科学发展的特点：随着时间推移，旧理论的权威性会逐渐淡化。

维萨里的工作重心在解剖学方面，所以，虽然他纠正了盖伦解剖学方面的很多错误，但并未对生理学方面进行变革，这项工作要到近百年后才由哈维完成。

### 3.1.2 血液循环系统的建立

#### 3.1.2.1 肺循环的发现

在13世纪，阿拉伯的纳菲斯（Ibn al-Nafis，约1210—1288）已指出肺循环的存在，但是他的著作并未影响到后来的学者[7]。而在欧洲，最早描述肺循环的欧洲人包括塞尔维特（Michael Servetus，1511—1553）和哥伦布（Realdo Colombo，1515—1559），两者提出理论的时间先后，以及是否存在谁对谁的借鉴，科学史界存在争论[12]。

塞尔维特与维萨里是巴黎大学的同窗。他于1553年出版了一本神学著作《论基督教的复兴》，其中简短地描述了肺循环。塞尔维特在书中反对三位一体，这种观点被基督教主流视为异端，

所以他被新教首领加尔文告上宗教法庭，并被判处火刑。塞尔维特的著作大多被焚毁，所以肺循环并未通过他广为流传。肺循环真正为大众所知，主要是通过哥伦布——维萨里在帕多瓦大学职位的继任者。他通过临床观察、解剖和动物活体解剖，对肺循环进行了十分清晰的描述。这实际上是继维萨里后，对盖伦理论的又一次挑战，但哥伦布不敢直接否定盖伦，称血液既可以通过肺从右心室去到左心室，也可以通过心室间的微孔过去[13]。这看上去只是对现有知识的一点补充，可能是由于这个原因，他的发现被很平稳地接受了，并未引起轩然大波。

虽然我们一直用肺循环来进行表述，但实际上，上述几位学者所发现的心脏与肺之间的血液流动过程，其实还谈不上“循环”，因为他们依然认为这个过程是在盖伦体系之下的。体循环与肺循环合起来才构成血液循环，所以他们的发现用“肺通道”描述可能更合适[13]。血液循环学说的真正奠基人是英国医生哈维（William Harvey，1578—1657）。

3.1.2.2 哈维与《心血运动论》

哈维曾在帕多瓦大学学习，师从法布里修斯（Hieronymus Fabricius，1537—1619），这位学者通过实验对静脉瓣进行过研究：在人的胳膊上结扎后，沿着静脉可以看到一些小的结，如果对这些结两侧的血液进行推动，会发现这些瓣膜阻碍了血流自近心端向远心端的流动。法布里修斯认为这些瓣膜的作用是“为了使身体的任何部位都能以奇妙的比例分配到某一恰当数量的血液，以维持身体几个主要部位的营养”[11]，而且人在直立时，躯干大静脉如果下流速度过快，可能会撑破下肢小静脉[13]。而哈维则在思考后产生了一系列疑问[13]：很多动物并不是直立行走的，但它们也有静脉瓣，意义何在？盖伦称血液由肝脏制造，沿着静脉一路运输到全身，那么肝脏连接的静脉应该是最粗大的，现实却是心脏附近的静脉最粗大，为什么？按照盖伦的理论，连接右心室的都是静脉，但右心室与肺之间的血管结构却很像动脉，为什么？于是，哈维意识到，静脉瓣的真正作用是确保血液的流向为自静脉至心脏。可以说，哈维的血液循环研究始于对静脉瓣存在的“目的”的追问，由此我们可以看到，在生物学研究中，“为什么”的追问是何等重要。同时，针对同一现象，法布里修斯和哈维给出了不同的解释，提示我们科学并不是单纯的观察与记录，它需要科学家的创造性思维活动，“观察+思维”才能造就科学发现。

1628年，哈维出版了《心血运动论》，系统阐述了血液循环理论。书中大量引用了亚里士多德与盖伦，不脱旧时代传统，但同时，哈维的研究使用了实验方法+数学计算，这种研究方法具有强烈的近代科学色彩，很可能是由于他在帕多瓦大学求学时受到了伽利略（Galileo Galilei，1564—1642）的影响。《心血运动论》的问世具有重要意义，一方面它是文艺复兴以来科学革命的一个重要组成部分，另一方面它很好地体现了现代科学的常见研究方法——在观察事实的基础上提出假设，通过实验来验证假设——是归纳法与演绎法的完美结合。哈维所提出的假设（他将其称为“论点”）包括三条[14]：“第一，不断地从静脉通过心脏到动脉的血量如此之大，不可能由消化器官来提供，因此所有血液必定是以很快通过心脏器官的方式运行的。第二，受动脉搏动的影响，血液连续、均匀、不断地流进[心脏]，并流到身体各部分，血流量超过营养机体所需，或者超过全部血液所能够提供的量。第三，静脉同样地把血液从身体各部分运回心脏”。他通过动物解剖实验、心脏一天可泵出血量的计算、动物动静脉结扎实验与人体静脉结扎实验等验证上述论点，并指出这只能指向“血液循环”这一结论。另外，哈维还分析了心脏与血管的解剖结构

是如何契合于“血液循环”理论的，这是极好的科学史反映“结构与功能观”的实例，值得广大教师加以注意。

一般认为哈维创立的血液循环理论是机械论哲学的一次胜利，这种哲学用机械化的视角看待世界，认为世界万物的一切运动都可以归为某种机械运动，将心脏比作泵就是这种哲学在生理学方面的投射。17世纪时生理学的传统之一就是所谓的医学机械学派，将人体视为一台机器。不过哈维本人的思想并不是全然机械论化的，字里行间存在着神秘学色彩，如“血液在心脏中……接受了来自大自然的有活力的财富——这是一种生命的财富，并且含有了元气……”[14]。直到17世纪下半叶，洛厄（Richard Lower，1631—1691）进行了如下实验[15]：晃动装有静脉血的玻璃容器，深紫色血液由于混入了空气而变成鲜红色，这就说明，离开肺部进入全身的血液的鲜红色是由于空气中的某种物质混入而形成的。此类研究波义耳（Robert Boyle，1627—1691）与胡克（Robert Hooke，1635—1703）等人也做过。此后，血液被视为机械流体，“它可以携带着来自食物与空气的基本微粒流遍全身”[15]，血液循环理论才彻底化为了机械论范式。

当然，如同一切革命性的科学理论一样，哈维的血液循环理论并非一经推出就马上得到所有人的信服。一方面是没有实际观测证据证明动静脉相连，另一方面是新的生理学比起盖伦生理学，反而对很多现象更加难以解释了[7]，比如：肝脏连接了很多血管，如果它的功能不是提供全身所需的血液，那是什么？完整的循环系统包括肺循环，呼吸在其中起什么作用？血液可以在动静脉间循环往复，那么这两种血管的差别具体是什么？这些问题要到很久之后才得以解决，科学从来不是一蹴而就的。

3.1.2.3毛细血管的发现

在显微镜发明之后，意大利科学家马尔比基（Marcello

Malpighi，1628—1694）于1661年观察到了青蛙肺部动静脉间的毛细血管，为哈维血液循环理论补上了最重要的一块拼图。1688年，荷兰著名的显微镜学家列文虎克（Antoni van Leeuwenhoek，1632—1723）也观察到了蝌蚪尾部毛细血管间的血液流动[16]。

初中教师在进行循环系统教学时，不妨于组织学生观察毛细血管过程中穿插科学史介绍，引导学生理解表面看似碎片化的知识是如何成为完整概念体系的，也能够加深对血液循环理论本身的认识。

### 3.1.3 科学革命

在本章中，我们反复提及“科学革命”的概念，这一概念是经由美国科学史家与科学哲学家库恩（Thomas Kuhn，1922—1996）的研究而为学界所重视的，在此对相关科学哲学思想进行简单介绍。

在库恩之前，科学哲学有两个主要流派：逻辑实证主义与证伪主义。逻辑实证主义形成于20世纪20年代，是正统科学哲学的第一个流派[17]，该流派强调归纳法的重要性，认为科学知识是被经验证实的命题，将科学发展视为一个知识不断增长的累积性过程。证伪主义由波普尔（Karl Raimund Popper，1902—1994）提出，他指出了归纳法面临的逻辑问题，即：归纳法从有限的经验推出普适性的理论，在逻辑上无法确定所得出的结论是否正确，所以用归纳法得出的结论并不可靠。一个典型例子是“所有的天鹅都是白色的”这一命题，在大航海时代之前，欧洲人看到的天鹅确实都是白色的，所以由归纳法得出的这一结论看上去没有问题，但在各种环球航行之后，人们在大洋洲见到了黑色的天鹅，曾经看上去很正确的命题就被推翻了。波普尔认为，假说-演绎法才是唯一的科学研究方法，只有可能被证伪的命题才属于知识

的范畴，放之四海而皆准的描述不在波普尔的“科学”范围内，如，“明天下雨或不下雨”永远为真，这一命题不属于科学。在证伪主义流派看来，“科学理论”是在逻辑上可能被推翻但实际上并未被当下的证据所推翻的理论，而“科学发展”是新理论不断替代旧理论的过程。

关于归纳法，实际上一直有人对其结论的可靠性存在质疑，可以追溯到休谟（David Hume，1711—1776），只是随着逻辑实证主义的兴起，从不同角度提出反对的声音也愈发大了。当前学界已经公认，在逻辑上，归纳法的结论并没有必然性。但是，作为人类获取新知的重要方法，归纳法依然有着强大的生命力，生物学中应用归纳法的典型实例是细胞学说的提出，可见其重要性。甚至假说-演绎法中的假说的提出，也往往需要归纳逻辑发挥作用。只要大家明确归纳法得出的结论并不等于真理，当反例出现时可以修正理论，就能够继续用好归纳法。在现代，人们已经不再追求由完全归纳获得普遍真理，而是与概率论相结合，通过数据统计的方法进行概率归纳。

关于假说-演绎法，有一点需要提醒大家注意：中学教师在使用这种方法时一般习惯说“证明假说成立”或“推翻假说”，但严格来讲，这两种说法不同程度上都是有问题的。假说-演绎法的前提是“若假说p是对的，则应有实验结果q”，那么，“证明假说成立”的说法的意思就是“实验结果确实为q，所以假说p成立”，这在逻辑学上是非常典型的逻辑谬误，我们会在第八章中结合实例具体说明；而“推翻假说”的意思是“实验结果不为q，所以假说p不成立”，这在逻辑学上是正确的，没有问题，但在实践中未必可以马上下结论，因为人们可能会怀疑“是不是实验操作有问题？是不是有什么无关变量没有控制好？是不是数据记录出错了？”。教学中，我们当然可以适当简化，比如若实验结果与预期不符，我们可以默认历史上的经典实验中，科学家已经检查了实验结果的可靠性，所以可以“推翻假说”。不过若是学生做的探究实验出现类似情况，下这种结论前就需要慎重考虑，需要检查药剂、实验操作、数据记录等是否存在问题，再进行进一步的探索。而“证明假说成立”的说法建议大家就不要使用了，最符合逻辑的说法应该是“没有证伪假说”，但不太符合日常语言习惯，我们可以换成“支持了假说”这种确定性没有那么强的说法。

逻辑实证主义和证伪主义各有其合理性，对科学教育各有启发，比如我们要重视对客观世界的观察，不能只进行思辨；科学探究应在观察的基础上带着问题进行；不要惧怕错误，要从错误中学习；不迷信权威，要具有批判精神；等等。但在科学发展模式方面，两个流派的描述均过于片面化了，在科学史上，科学知识不是依靠观察而线性积累起来的，也不是每逢新理论出现旧理论就被全盘抛弃了。

针对先前两个主流流派的不足，库恩提出新的科学发展理论，也就是“科学革命=范式转换”的观点。范式这一概念今天已被广泛应用，它本质上是一套完整的理论体系。库恩认为，科学发展分为不同阶段：前科学阶段（各种范式百家争鸣）——常规科学阶段（一种范式脱颖而出，自此一家独大）——科学危机阶段（出现了种种新发现或人们产生新的思想，与旧有范式相冲突，常规科学出现危机）——科学革命（新范式占据优势，科学家发生范式转换）——新的常规科学（新范式成为主流思想，继续一家独大）……以此方式循环往复。就循环生理学而言，盖伦理论即为常规科学阶段学者所遵循的范式；维萨里指出了盖伦的很多错误，且肺循环这一不曾被盖伦所发现的生理过程被普遍认可，这些构成了盖伦理论的科学危机，为科学革命做好了准备；

而哈维提出血液循环理论，其主要缺陷也最终被显微镜下的观察所补足，就完成了对盖伦生理学的科学革命。

正如任何一个派别的科学哲学一样，库恩的理论对我们的科学教育有很多启示。本书认为，我们从库恩的理论中获得的最重要的启示是，我们要将学生培养成相信科学而不迷信科学的人。只有相信科学，我们培养出的学生才能在常规科学阶段努力拼搏，为科学发展添砖加瓦；而只有不迷信科学，他们才能在科学危机到来时勇于创新，破除对权威的盲从，积极投身于科学革命。在实际教学中，我们需要把握好度：对于初步接触科学的学生，树立对科学的信念是很重要的，不然容易陷入怀疑论和不可知论；而对于已经树立起了一定科学信念的学生来说，了解现有科学并不等于客观真理则更为重要，不然容易陷入对已有理论的教条式崇拜，而这既不利于学生自身发展，也不利于科学的发展。教材在很多主题都提供了科学家的研究历程，教师应努力设计好问题，让学生既感受到科学理论是始终在发展变化的，也感受到后人革新与前人积累间的关系。

## 3.2 近代科学的创立

### 3.2.1 科学共同体的形成

我们知道，科学要实现真正的发展，需要科学家们将自己的发现告知同行并得到广泛的承认，当然争论也永远存在，正是在认同与否定的思想火花的碰撞间，科学才一步步地变成我们今天所知道的样子。

科学共同体（Scientific Community）是遵守同一科学规范的科学家所组成的群体，在同一科学规范的约束和自我认同下，科学共同体的成员掌握大体相同的文献和接受大体相同的理论，有着共同的探索目标[18]。在现代，任何一个领域的全世界的科学家都可以看作一个大的科学共同体，通过各种专业期刊交流自己的成果。

在几百年前，大规模的交流要困难得多，虽然大学看上去是一个传播思想的好地方，但从中世纪开始，大学在漫长的时间里都只负责传递已有知识而不是探索新知[7]。在这种情况下，科学家们自发地组成了小团体，这些团体被称为学会。17世纪的学会一般都受到个人或国家的保护或资助，最有声望的是伦敦皇家学会和法国皇家科学院。这两个社团的成员分别办了世界上最早的两份学术期刊，《哲学学报》和《学者杂志》，均创立于1665年。从此科学家的交流和论辩变得容易得多，科学成果也能为更多人所看到。

现代的大学已经与中世纪至18世纪的大学大不相同了，大学和各个研究院所一同构成了现代科学研究的主体。同时，在广义的大范围的科学共同体下，还有很多交流更频繁联系更紧密的小型的科学共同体，他们的交流与合作大大促进了科学发展。我们在接下来的章节中会在各个生物学分支学科的发展中发现这些科学共同体活跃的身影，在教学中对此适当进行介绍将会有利于学生合作意识的形成和合作精神的培养。

### 3.2.2 两套科学研究方法传统

对于任何学科来讲，研究方法都是至关重要的工具。在中世纪，经院哲学指导下的自然科学研究陷入了信仰主义、先验主义和形式主义。至17世纪初，培根（Francis Bacon，1561—1626）与笛卡尔（René Descartes，1596—1650）分别从不同的角度举起了反对经院哲学的大旗，培根强调经验以反对先验主义，笛卡尔强调理性以反对信仰主义，两者均强调大量的实际研究以反对形式

主义。同时，他们开创了对后世科学研究影响最大的两套方法，培根注重归纳法与实验，而笛卡尔注重演绎法与数学。

培根出生于英国贵族家庭，是掌玺大臣和大法官的幼子，后来也做了大法官，晚年脱离了政治活动，专门从事科学与哲学研究。他一生追求知识，有“知识就是力量”的名言。1626年3月，他为验证雪是否可以延缓食物腐蚀进行了实验，不幸感染风寒而去世。

培根可能是第一个意识到科学方法论重要性的人，代表作为《新工具》。作为经验论者，他认为感觉是可靠的。虽然他承认感官本身具有局限性，但他还是强调只有对自然界进行观察才能获取知识。培根力主归纳法的应用，认为从演绎推理中人类无法获取新知识，并且认为传统的演绎推理的起点往往是未经证明的公理或含糊不清的命题，而这并不可靠，那么推理出的结论自然也就同样不可靠。他还强调实验在获取科学知识中的重要作用，被视为第一位大力倡导实验研究的思想家。不过他轻视数学，可能因为数学是演绎性的知识。

培根的归纳法并不是对观察经验的简单搜集，他打过这样的比方：我们不能像蜘蛛一样只在自己肚子里抽丝结网（指演绎法），也不能像蚂蚁一样单纯采集（指只搜集资料而不进行思考），而要像蜜蜂一样，“从花朵中汲取物质，然后凭借自身的努力重新加工制作”[12]。很明显，他认为人的思维在获取知识的过程中发挥重要作用，但是他对其作用的重要性强调得还是不够。实际上，从对资料进行系统整理到产生假说这一过程并不容易，只有真正的大科学家才能做到“见常人之所皆见，想常人之所未想”，而从假说到实验设计这一过程则不可能离开培根所轻视的演绎法的作用。

笛卡尔是法国著名的哲学家、数学家、科学家。他是近代西方哲学的奠基者，并开创了解析几何。1649年，他应瑞典女王的希望做她的老师，由于女王希望清晨5点上课，习惯晚起冥想的笛卡尔不得不改变习惯，因严寒染上了肺炎，于转年去世。

笛卡尔与培根完全相反，他是唯理论的开创者，认为感官经验不完全可靠，只有通过理性认知得来的知识才是可靠的，所以他推崇数学，特别是欧式几何。不同于培根对归纳法和实验的强调，笛卡尔强调演绎法的运用和数学的作用，但是他们同样使人类认识到了科学研究方法的重要性，笛卡尔的《谈谈方法》一书和培根的《新工具》一并开创了科学研究方法的两套不同传统。

要指出的是，正如前文所说，笛卡尔与培根虽然处处截然相反，但他们实际上都反对经院哲学。培根从强调实际经验的角度入手，指出研究不能建立在空中楼阁之上，而笛卡尔从破除迷信与幻想的角度入手，指出一切知识均要建立在自己的理性思索之上，这两者的综合正是近现代科学的指导思想。无论是培根的方法还是笛卡尔的方法，都不能独立地成功指导科学研究。现代科研方法是二者的综合，培根的传统和笛卡尔的传统在有机融合后就成了科学研究最有力的武器。

需要补充的是，笛卡尔对生理学的影响很大，他认为生理过程完全可以用机械的物理过程所解释，将有机体还原为自动机，这正是我们前文提到过的机械论观点。在考虑到人时，笛卡尔不得不引入“理性灵魂”，认为人与其他有机体的区别是人具有理性灵魂，而躯体则与其他有机体一样是机械的。当时的很多生物学家不能接受“生物等于机器”这种观点，于是为了针对机械论，他们引入了活力论，认为生物存在“活力”这种超自然的未知力量，从而解释生物的运动。机械论与活力论之争持续了很久，直到人们在生命系统的各个层次上都有了较为深刻的理解，才有了克服这一争论的可能。现代学者对生物的认识往往持一种

系统论观点，认为整体大于部分之和，每一低级层次各部分之间的关系都不能简单解释为机械联系。同时，学界也反对活力论引入超自然的力的观点，有机体与无机体组成上的差别决定了生物与非生物的不同，但这种不同并不意味着超自然力量的存在，有机体同样遵循各种物理化学规律。相关思想变化会在生理学的发展部分再进行详述。

另外要补充的是培根与笛卡尔对科学与自然的态度。身处文艺复兴末期，作为新兴资产阶级的代表，培根对未来充满信心，认为科学将“大大拓宽人类帝国的疆域，并将是无所不能”，并使人类“驾驭自然万物”[7]。笛卡尔也认为“没有什么东西是遥不可及的，也没有什么东西是深不可测的”，人类“会成为自然界的主宰者和拥有者”[7]。这种对科学的乐观和信心是那个时代的特点，也大大推动了科学技术的发展，到启蒙运动时期人们依然持有着乐观的进步观念，直到两次世界大战后，各种问题暴露出来，科学万能论才被广泛批评。我们要明确肯定科学对人类发展的作用，也要明确让学生了解科学也是有局限性的，并不能解决所有问题。正如先前提到的，相信科学而不迷信科学，才是健康的科学观。

### 3.2.3 显微镜的使用——科学与技术相互影响的有力例证

除了方法论，科学研究还需要实体的工具，它们可以帮助人类认识那些感官所无法触及的范围，或者提高感知的精确程度。显微镜在生物学相关研究领域发挥了重要的作用，人们通过显微镜看到了一个微小的神秘新世界，分类学、生理学、细胞生物学、微生物学、遗传学等分支学科后来的发展都与显微镜密切相关。

一般认为，现代生命科学研究所使用的光学显微镜——复式显微镜——是于16世纪末由荷兰的詹森父子所发明的[2]。从1625年斯泰卢迪（Francesco Stelluti，1577—1653）对蜜蜂身体进行详尽图解开始[7]，很多科学家利用显微镜进行了大量的观察，其中最为突出的是17世纪至18世纪初这五位科学家的研究，他们是：马尔比基、列文虎克、施旺麦丹（Jan Swammerdam，1637—1680）、胡克和格鲁（Nehemiah Grew，1641—1712）。

除发现毛细血管外，马尔比基还有很多开创性的研究，他研究兴趣的广泛和对显微镜的热情仅次于列文虎克。马尔比基的研究成果包括[2,7]：（1）证明肺脏由充满空气的膜状囊泡组成，发现肺泡和血管之间由膜隔开；（2）发现一系列人体结构，包括皮肤表皮与真皮间的色素沉积层（马尔比基层）、舌乳头、肾小管和肾小球，等等；（3）研究蚕的解剖结构，发现蚕利用身体两侧的气管呼吸，有呼吸孔与外界相通；（4）发现昆虫的排泄器官马氏管；（5）研究植物的纤维结构，发现草本植物与木本植物、单子叶植物与双子叶植物的茎的区别；（6）发现叶的气孔；（7）详尽观察鸡胚的发育，其详细记录对胚胎学发展具一定影响；（8）记述种子的萌发过程，发现单子叶植物和双子叶植物种子萌发过程不同。马尔比基对显微技术的改进也作出了贡献，最先使用了染色剂染色和蜡剂注射等技术，改进了显微镜。

有些“科普文章”将列文虎克作为显微镜的发明者来介绍，实际上列文虎克不仅不是显微镜的发明者，他所使用的显微镜甚至不是我们今天常用的复式显微镜，而是相当于放大镜的单显微镜，只有一片透镜。磨制玻璃制品是列文虎克的爱好，他磨制的镜片放大倍数相当高，所以虽然他并未使用复式显微镜，却完全无损他的观察，还因为单显微镜便于携带而进行了更多的观察。列文虎克是最热衷于显微观察并发现最多的人，他的观察范围有多么广泛呢？“直到19世纪，科学家们都被警告说，他们在宣称自己利用显微镜进行独创的观察之前，都应该小心地翻阅列文虎

克留下的笔记”[2]。他缺乏系统理论训练，基本只会荷兰语，所以无法阅读古典文献和当时其他国家学者的文献，但这也许反而使他免于受到思想教条的束缚，从而可以进行广泛而没有禁区的探究。他的研究通过朋友解剖学家格拉夫（Regnier de Graaf，1641—1673）介绍到伦敦皇家学会，进而被科学界所了解。列文虎克的研究成果包括但不限于[2,7]：（1）发现微生物，他于1675年在雨水中发现了单细胞的微生物，球状、杆状、螺旋状的细菌和原生动物都是列文虎克最先发现的；（2）进一步证实了毛细血管的存在，除了对蝌蚪尾部的观察，他还曾在鱼、蛙、人、哺乳动物及一些无脊椎动物体中观察到毛细血管；（3）精子的发现者之一，于1677年发现了人、狗和兔子的精子；（4）发现了鱼、蛙、鸟、哺乳动物和人的红细胞，发现人的红细胞呈圆盘状；（5）观察并描述肌肉的纤维结构；（6）观察昆虫的复眼；（7）发现蚜虫的孤雌生殖。

施旺麦丹与列文虎克不同，他受过正统的医学训练，所以他重视理论的探讨，将显微镜视为研究的工具。他的研究方法与现代科学家颇为类似，严格进行实验观察与记录，然后对实验结果进行详细分析和理论的探索。施旺麦丹的研究成果包括[2,7]：（1）昆虫显微解剖图谱直至19世纪初仍处于世界领先水平；（2）发现人体淋巴系统的重要作用；（3）发现人类呼吸系统在胎儿期间与成人期间的差别；（4）在昆虫发育研究与无脊椎动物的比较解剖研究方面研究精深，领先一个世纪；（5）证明肌肉在收缩时体积大小并不改变；（6）研究变态发育，提出很多动物在发育过程中都有蜕皮的过程，新的部分在老皮底下。

胡克是皇家学会的重要成员，我们熟知的关于弹簧的胡克定律就出自他的手笔，他还在万有引力的优先权方面与牛顿（Isaac Newton，1643—1727）存在争执。从这些研究领域，我们可以清晰看出，用今天学科分类的视角来看，胡克首先是位物理学家，所以生物的显微观察并不是他的主要关注领域。不过他对复式显微镜作了很大改进，而且17世纪最杰出的显微镜观察，是由这位业余显微镜家所做出的。他在1665年观察软木薄片时，发现软木片由很多小室构成，他给这些小室起名“细胞”。虽然他所发现的是只含细胞壁的死细胞，而细胞的概念也多有变迁，但“细胞”这一名称一直沿用至今。此外，他也描述过活体植物细胞中流动的汁液[7]。胡克还观察过一些昆虫，第一次描述了苔藓植物的形态与结构，描述了真菌的结构和真菌中霉菌的发育[7]。

格鲁出生在英国的一个牧师家庭，他本人也是虔诚的教徒。他认为动植物一定具有一些本质相同的结构，这一指导思想使得他积极投身于植物显微解剖研究。在热衷于人体和动物解剖的时代，是格鲁和马尔比基开创了植物解剖的新领域[7]。格鲁的研究成果包括[2,7]：（1）比马尔比基更细微而正确地观察描述了植物的维管组织；（2）提出叶是植物的呼吸器官；（3）推测有花植物具有性行为，即花是性器官，将花蕊分为大蕊（雌蕊）和小蕊（雄蕊）；（4）出版《胃部和内脏的比较解剖学初探》，这是第一部题目中含“比较解剖学”的动物及人体解剖学专著，也是第一部用比较的方法研究不同动物相同器官的专著。格鲁认为如果不考虑器官的功能，就不能真正理解它的形态意义，他分析了不同动物食物的差别与肠道结构间的关系，观察到了肠道的蠕动与黏膜绒毛。格鲁的观点是对“为什么”寻求近期原因的思想，充分反映了结构与功能观。

显微镜的发明大大拓展和深化了人们对生物界的认识，可惜17世纪的显微镜学家们大多不注重理论研究，也不愿意教授一些能够继承他们事业的学生。在18世纪，显微镜下的发现停滞不前，这不仅因为后继无人，实际上很大程度上是由于显微镜技术

发展缓慢，色差和球面像差问题阻碍人们进行新发现。在18世纪后期至19世纪，显微镜技术又有了进一步的发展[2]，细胞学说在这样的大背景下产生，与显微镜技术的改进有一定关系。而随着细胞学说的提出，对细胞的研究日渐深入，科学家需要对一些细胞器和细胞核进行更大倍数的观察，但是光学显微镜的放大倍数已经达到了极限。这就促进了电子显微镜的产生，自此人们才可以对亚显微结构进行进一步的观察，并逐渐发展到今日借助冷冻电镜技术对生物大分子结构进行分析的地步。

显微镜的发展与应用是科学和技术交互作用的良好例证。正是由于有了显微镜，人们才发现了从未发现过的世界，自此展开了全新的探索，现代最活跃的生物学领域，无不依靠着显微镜下的观察才能发展至今；而正是由于有科学观察的需要，才会对显微镜产生放大倍数和分辨率更高的要求，显微镜才会有所发展，特别是电子显微镜明显是研究需求下的产物。同时，显微镜的发展离不开物理学的发展，我们在这里可以看到跨学科的教育价值。另外，显微镜和我们今天的生活密切相关，从食品安全到医疗健康，从考古研究到刑侦破案，我们都能看到从业人员使用显微镜的身影。显微镜相关内容具有丰富的教育价值，值得教师将其作为STS教育的一环来深刻挖掘。

# 第四章 17—20世纪生物学发展简史

## 4.1 17 世纪

17世纪是近代科学开端的一个世纪，牛顿的伟大贡献使近代物理学基本成形，波义耳的《怀疑派化学家》被视为近代化学的开始。相对于物理和化学学科，生物学在17世纪显得还很纷乱零碎，距离学科的成形相去甚远，但实际上这一世纪中埋下了生物学赖以统一的基础，同时也完成了对盖伦传统的彻底革命，堪称承上启下的一个世纪。

17世纪生物学的重大成就之一就是哈维的血液循环理论，前文已描述过，不再赘述。哈维血液循环理论是继维萨里对盖伦解剖学发起冲击之后对盖伦生理学的革命，是《天球运行论》发表以来的科学革命浪潮的一部分，在思想史上自有其一席之地。《心血运动论》可以说是机械论哲学的一次胜利，17世纪生理学

的三大流派之一即为医学机械学派，这与力学自伽利略时期开始的发展应有密切关系。

17世纪生物学的另一重大成就是显微镜下的一系列发现，虽然此时的应用还以描述为主，但未来的两个重要学科——细胞生物学和微生物学——都于此奠基。多年之后，细胞学说填平了不同界生物之间的鸿沟，而微生物的发现则呈现了不逊于宏观世界的另一片多样性极其丰富的世界。此外，解剖学、生理学、胚胎学、分类学等也都有了新的研究手段，遗传学日后的发展也与镜下的发现密切相关，这一切都肇始于17世纪的研究。

较为古老的几个分支学科在17世纪都有了自己的发展：源起博物学的分类学在多样性大大丰富的背景下探索系统的分类方法，下行分类盛行；源起医学的动物与人体生理学方面，医学机械学派、医学化学学派和活力论学派各自具有不同的研究范式，呈现百家争鸣的态势，并对后来的生理学研究影响深远；植物生理学亦于本世纪开端，赫尔蒙特（Johannes Baptista van Helmont，1579—1644）进行了著名的柳树实验，无论是植物营养相关研究还是光合作用相关研究，追本溯源都会回到这一实验；胚胎学则主要围绕预成论与渐成论展开争论，在17世纪，预成论占据上风，只有哈维持渐成论观点，并有“一切源于卵”的名言。回首望去，17世纪生物学成就可能并不算多，但后几个世纪的研究，大多都是接续17世纪研究而进行的。

## 4.2 18 世纪

18世纪，在分类学和生理学方面，生物学均获得了重要发展。

1753年，林奈（Carl Linnaeus，1707—1778）发表《自然系统》，自此双名法成为学界默认的命名方法，看似纷乱的自然世界有了一定的“规律”。与林奈同期的布丰（Georges-Louis Leclere，Comte de Buffon，1707—1788）和林奈针锋相对，反对人为分类，认为物种间具有连续性。不过随着他们研究的发展，两人观点也日渐趋同。

生理学方面，物理与化学的方法论继续得以应用，世纪后半叶，有关电和气体的研究特别引人瞩目。在“近代生理学之父”哈勒（Albrecht von Haller，1708—1777）提出神经的“兴奋性”与肌肉的“运动性”之间的关系后，伽伐尼（Luigi Galvani，1737—1798）成功地证明了生物电的存在，并侧面推动了电学的发展——伏打（Alessandro Volta，1745—1827）通过论战发明了电池。而有关气体的研究与化学家们密切相关，普利斯特利（Joseph Priestley，1733—1804）发现植物可以使空气更新，人类对植物光合作用的认识自此开始日益深入；拉瓦锡（Antoine-Laurent Lavoisier，1743—1794）则证明了动物呼吸与物质燃烧同样都是氧化过程，只是更为缓慢，充分说明了有机界与无机界之间具有统一性。

其他方面于18世纪也有所进展，特别是在回顾某些分支学科的发展历程时，更会看到18世纪的影响。

比夏（Marie François Xavier Bichat，1771—1802）的组织学说客观上为细胞学说铺平了道路，沃尔弗（Caspar Friedrich Wolff，1734—1794）指出“动物和植物原始的未分化物质本质上是相同的”[7]，不经意间透露了胚胎学与细胞生物学本质上的联系。

18世纪，人们的自然观从静止逐渐转向运动，为进化论的提出埋下了伏笔，在此背景下，布丰提出了一系列与进化有关的问题，他虽然不是进化论者，但对进化观点的形成影响深远。18世纪结束后不久，拉马克就提出了他的进化理论。

生态学在18世纪初步形成，并随即产生了相互对立的两种思

想传统：怀特（Gilbert White，1720—1793）赞美自然的和谐，强调联系与整体性，他笔下的世界如田园牧歌般欢乐而静美；而林奈在看到自然界各种生物间联系的同时，强调的却是人类应努力改变这些生物的状态，更好地为人类服务。"人类中心"与"非人类中心"的生态伦理观表面上泾渭分明，但始终并存，联想到18世纪英国开始的产业革命，人类一方面野心勃勃改造一切以为己用，一方面悲悼迅速消失的原始自然景观，似乎也就是顺理成章的事情了。

## 4.3 19 世纪

19世纪是生物学获得重大发展的一个世纪。在19世纪之前，医学与博物学两大分支是各自独立发展的，从19世纪起，两大分支开始逐渐融汇与再分化，从而形成今天的生物学领域。与此同时，各个分支学科均有重要发现，可谓多面开花，而在此之中，细胞学说和达尔文进化论无疑是19世纪生物学最为关键而璀璨的理论，共同奠定了现代生物学的基础。

科学家一直想寻觅植物与动物界的统一点，打破两界间的屏障。1831年，布朗（Robert Brown，1773—1858）发现了细胞核。在此基础上，施莱登（Matthias Schleiden，1804—1881）于1838年提出植物均由细胞组成并产生，施旺（Theodor Schwann，1810—1882）于1839年指出动物亦是如此。他们提出的细胞学说证明了生命体的统一性，暗示了各种生物之间存在的普遍联系，是达尔文进化论与孟德尔遗传学的基石。细胞学说在该世纪内即得到了充实与完善，细胞生物学范式迅速成为胚胎学、生理学和遗传学的新方法论。魏尔肖（Rudolf Virchow，1821—1902）于1858年提出细胞病理学，魏斯曼（August Weismann，1834—1914）于1886

年提出种质理论，以及19世纪末实验胚胎学兴起，均可视为细胞生物学蓬勃发展的产物。甚至19世纪微生物学的兴起，与细胞学说提出者之一施旺的新陈代谢理论也不无关系，细胞生物学是19世纪的显学。

19世纪初，拉马克提出了第一个具有明确进化机制的生物进化学说，旗帜鲜明地反对生物不变论，虽然在达尔文进化论提出后，拉马克进化论经常成为被攻击的靶子，但在当时的情况下，拉马克的勇气绝对令人钦佩。居维叶（Georges Cuvier，1769—1832）虽然反对进化论，但是他对古生物化石的研究客观上为达尔文进化论提供了证据，另外他还是比较解剖学和古生物学的创始人。冯·贝尔（Karl Ernst von Baer，1792—1876）在胚胎学方面成果卓著，提出胚层学说，他的研究也在客观上为达尔文进化论提供了证据。1859年，达尔文发表《物种起源》，其重大影响已不必多言。达尔文进化论将所有生物之间以共同祖先联系起来，并贯穿生物学的各个分支，在今日已成为生物学工作者所共同认可的指导性理论。

17世纪，列文虎克发现微生物，但微生物学的建立是在19世纪，主要应归功于巴斯德的开创性工作，他在多个方面进行了实践研究，并上升到了理论高度。巴斯德的主要竞争对手科赫（Robert Koch，1843—1910）则为微生物的培养与纯化提供了很多方法与工具，现代微生物学研究也要依赖于这些方法与工具。借助微生物学的研究进展，免疫学与传染病学得以建立并迅速取得突破性成就，发酵问题的争论最终开创了酶的研究，可谓硕果累累。另外，1828年，维勒（Friedrich Wöhler，1800—1882）人工合成尿素成功，证明了无机界与有机界间的屏障并非牢不可破，但同样是在19世纪，古老的自然发生说继宏观世界后在微生物的世界亦得以破除，也说明了有机界的特殊性，生命与非生命

是既有一致性也有差异性的。

生理学在19世纪步入成熟，贝尔纳（Claude Bernard，1813—1878）从施旺的细胞新陈代谢理论中获得灵感，提出内环境理论，成为现代生理学的支柱性理论。神经生理学在19世纪继续作为研究热点，世纪初人们对依然热衷于用电进行各种刺激，玛丽·雪莱（Mary Shelley，1797—1851）的《弗兰肯斯坦》即创作于此背景下，后半叶大脑功能区开始受到人们的重视，意识问题逐渐引起学者关注。另外，内分泌学研究开始于19世纪。植物生理学方面，光合作用的机理日益清晰，植物营养学研究发生范式转换，并应用于生产实践。

1866年，孟德尔（Gregor Mendel，1822—1884）发表《植物杂交试验》，1869年，米歇尔（Johannes Friedrich Miescher，1844—1895）发现核素，在今天看来都是划时代的重大成果，但在当时均未引起学界重视，科学发展并不像我们所想的那样顺理成章。不过19世纪后半叶遗传学也有其发展，达尔文、魏斯曼、德弗里斯（Hugo de Vries，1848—1935）等人均提出了自己的遗传理论，结合细胞生物学的发展，遗传学已经具备了建立的基础。

## 4.4 20 世纪至今

20世纪是生物学飞速发展的一个世纪，人类对生命的认识达到前所未有的高度，学科高度分化并高度综合，向微观与宏观两方面深入拓展。

1900年，孟德尔遗传定律被再发现，并迅速开启了现代遗传学这一重要研究领域。自此开始，遗传学不断发展，取得了一系列重要研究成果。遗传学发展经历了经典遗传学——细胞遗传学——分子遗传学等阶段，至今依然是研究热点。以上所指主要是传递遗传学，而发育遗传学也在20世纪获得了发展，引入分子生物学研究工具后，发育调控机制很受关注。另外，遗传学与进化论在20世纪初互不相容，直至几十年后才达成和解，形成现代综合进化论，并成为最有影响力的进化理论。

20世纪最受大众重视的两个分支学科是分子生物学与生态学，前者为20世纪50年代开创的新兴学科，后者历史悠久，但也是从20世纪后半叶开始进入大众视野。分子生物学某种程度上可以说是还原论的胜利，采用分析的方法对生命本质进行探索，而生态学则可以视为整体论的代表，注重综合与联系。不过研究方法也并不绝对，分子生物学逐渐进入基因组学和蛋白质组学的研究，同样说明整体的重要性，而生态学研究也存在不同研究层次，说明分析的方法也很重要，并且分子生物学与生态学间也有交叉。现代生物学就是这样，有着各种不同研究方法与层次，共同探究生命的奥秘。

20世纪所有生物学分支学科都获得了长足发展，不在此一一介绍。特别要提及的是生理学研究带动了心理学研究，如巴甫洛夫（Ivan Petrovich Pavlov，1849—1936）的条件反射学说对心理学影响就很大，人类对意识这一古老的问题进行了前所未有的深入探究，虽然距离解谜可能还有很远，但人类必将继续上下求索。

当今，生物学相关技术广泛应用，基因工程、细胞工程、发酵工程、酶工程等等现代产业技术备受关注，应用领域广泛，具有巨大的经济价值和社会影响，也带来了一些伦理上的争议。另外，生态文明日益受到人们的重视与认可，生态学思想成为受到主流社会推崇的思维方式——绿水青山就是金山银山。生物学教育工作者要引导未来的社会公民养成良好的生态自然观，为生态文明的建设做出我们的贡献。

第二部分

# 分支学科发展脉络梳理

# 第五章　分类学

现代生物学发展的源头有两个，一是博物学，一是医学。前者发展出分类学、进化生物学、遗传学和生态学，后者发展出胚胎学和生理学，每一个生物学分支学科在发展到一定阶段后又都要从其他学科吸取养分，并在近代衍生出了微生物学、细胞生物学、生物化学和分子生物学等。实际上，早期的博物学就可以看作分类学。另外，生物学与其他自然学科的最大差别就在于注重多样性，而分类学正是对多样性研究的重要学科。所以，在对生物学各个分支学科的发展脉络进行介绍时，我们首先要来看一下的是分类学的发展历史。

## 5.1 古代分类学

### 5.1.1 远古至16世纪

早在远古时期，人们就已经具备了一定的分类学知识，知道

不同的动植物属于不同的种类，但那时的动植物分类是出于实用的目的。随着文明的发展，人类逐渐开始注意从理论上研究动植物分类的问题，分类学开始建立。当然，初期的分类学体系尚不完备，处于初生的萌芽阶段。

与很多其他生物学分支学科一样，分类学的研究历史是自亚里士多德开始的。亚里士多德并没有正式提出一个完整的动物或植物分类系统，因为分类鉴定本身并不是亚里士多德研究的目的，他对生物进行分类的实际目的是为了将生理、生殖、生活史和生活环境的影响等种种知识结合起来，所以他综合考虑了生物的各种特征，从整体上对生物类别进行了划分，而不是僵化地根据某一特征来进行分类[8]。

亚里士多德的分类研究主要涉及动物，而他的学生德奥弗拉斯特（Theophrastus，约公元前371—公元前287年）则对植物进行了研究，他将植物按照生活型分为乔木、灌木、半灌木和草本植物，一年生植物、二年生植物和多年生植物等，这种分类体系一直沿用至林奈时期，我们今天也依然用这些词汇来描述植物的生活型。

在亚里士多德和德奥弗拉斯特之后，直至15世纪，分类学都没有什么进展，甚至有些学者在著作中不加辨析地引入神话或传说中的生物，或根据宗教典籍划定生物的分类，分类学水平有所倒退。直到15世纪末至16世纪初，随着地理大发现，已知动植物的数目大大超过以前，分类学才成为人们研究的热点。代表性人物有德国的布伦菲尔（Otto Brunfels，1488—1534）和伯克（Hieronymus Bock，1498—1554）等人，他们主张回到自然进行观察和描述，改变了端坐书斋抄袭神话的风气。他们所撰写的是一些地方植物志，并根据植物的自然属性是否相似——而不是按照植物名称或植物的用途——进行分类[2]。

### 5.1.2 16–17世纪

随着认识的植物逐渐增多，鉴定的需求日趋强烈，人们需要系统的分类方法。意大利人切萨皮诺（Andrea Cesalpino，1519—1603）是第一位有意识在分类工作中使用明确方法的植物学家，他所使用的分类方法是下行分类，即自上而下的分类方法，按照某种划分方式将总类分为几种类别，再按照某种划分方式将这几种类别继续细分，以此类推。在应用这种分类方法时，最重要的是划分时所依据的性状。切萨皮诺认为营养器官是最重要的，所以他先将植物分成乔木、灌木和草木，然后再进一步细分。可想而知，这种分类方法很容易出现混乱，因为性状的选择是纯粹人为的。但实际上，切萨皮诺应该在选择性状前先进行了经验上的自然类别的划分，然后再进一步按照这些自然类别来选择用以分类的具体性状，所以虽然也有类似于将草本和木本的豆科植物分开的缺憾，但整体而言分类结果较为正常[8]。

17世纪，下行分类法盛行，而最重要的分类学家是英国的雷（John Ray，1627—1705）和法国的特尔耐弗（Joseph Pitton de Tournefort，1656—1708）[2]，他们在分类依据和研究重点方面均有不同。雷反对以单个性状作为分类标准的下行分类，认为应该综合考虑多个性状来进行分类。他明确地将种作为分类的基本单位，重视种水平的分类。雷最为重要的贡献是对种的认识，认为种不仅具有形态特征，而且具有生殖特征，即不同的种间存在生殖隔离。特尔耐弗将提供了最多易于观察的性状的花和果实作为下行分类的最重要依据。他非常重视属水平的研究，清晰地描述了698个属，其中绝大部分后来被林奈采用了。

## 5.2 林奈

瑞典人林奈是公认的“分类学之父”，代表作《自然系统》。他在活着时就享有盛名，自他开始，动物和植物分类学研究在18世纪和19世纪前期获得了空前的繁荣。

林奈的分类系统与以前烦琐的二分法系统不同，在一个界（kingdom）内只含有四个分类阶元层次：纲（class）、目（order）、属（genus）、种（species）。这种分类系统的体系清晰、明确而前后一致，受到当时和后世科学家们的赞赏。现代分类系统基本沿用了林奈的等级结构，只是在目与属之间加入了科（family），并在界上层增加了域（domain）这一更高的分类阶元。不过在想要详细阐述进化关系时，我们今天对某个物种的分类学描述往往会很复杂。

林奈采用的分类方法依然是17世纪被广泛使用的下行分类，他选择的性状是花的结构，并参照植物的其他性状。实际上，和切萨皮诺一样，他也是在进行分类之前先大体确定类群，他自己提到过：“为了避免形成不正确的属，必须暗中（可以这样说，在桌子下面秘密地）向习惯请教”[8]。在动物分类方面，林奈的工作不如植物分类那般细致，但也进行了一定的尝试。

林奈对分类学的一大贡献是他推广了双名法的应用，这就是我们今天所熟悉的物种的命名方法——由属名和种加词构成。他并不是双名法的创始人，特尔耐弗就比他使用得早，但是他是最为坚持始终如一地使用双名制的人[2]。在林奈之前，动植物命名非常混乱，同一生物在不同国家或地区可能会有不同的名称，而不同生物却可能具有相同的名称，这就为学术交流增加了许多不便。在林奈使用双名法后，由于他的声望，双名法很快流行开来，并被博物学家们公认为统一的命名方法，学界自此终于可以顺畅地展开交流，而不会发生指代不明的问题。

林奈是虔诚的基督教徒，并且对低级阶元属和种持有本质论观点，他认为人们要区分的不是生物个体，而是它们的“本质”，这一观点可以追溯到柏拉图。在林奈看来，分类学家的工作只是发现那些一早就被创造出来了的属。林奈的分类学说是神创论教义与本质论哲学的结合产物[8]，这就不难理解为何他会认为物种静止不变，因为在他的视角下，一个物种内的所有生物是上帝按照同一个模式创造出来的。

林奈在晚年动摇了物种严格分界和永恒不变的信念，但是他依然认为属是不连续的，具有明确界限，他认为“并不是性状（鉴别）产生属，而是属产生性状”，将属看作最重要的分类单位。实际上，相对于特尔耐弗，林奈在属的认识上后退了一步，因为在特尔耐弗看来，属是种的集合，是分类的工具，这种思想更接近于现代观点[8]。

## 5.3 布丰

布丰与林奈出生于同一年，又同为著名的博物学家，但在分类学的各个方面观点基本都是完全相反的，他的代表作是《自然史》（也可译为《博物学》），文笔优美。

布丰在思想上受莱布尼茨（Gottfried Wilhelm Leibniz，1646—1716）的影响很深，这种思想看重连续性和完备性，此外他热爱物理和数学，物理学的成就使他坚信自然界具有统一性，所以他反对将其切分为种、属、纲。他声称“自然并不认识种、属和其他阶元，自然只认识个体，连续性就是一切”[8]，不过随着对生物有机体知识的增多，布丰的观点最终发生了变化，“1749年他根本怀疑生物分类的可能性，1755年他承认有相关的种，1758年他仍然嘲笑属的观念，但在1761年他承认了属”[8]。

虽然起点完全相反，但林奈与布丰的思想随着他们工作的进展而逐渐接近，林奈脱离了物种不变的桎梏，布丰承认了种可以非随意性地被定义为生殖群落。不过在对属的看法上，他们从未一致，林奈认为属是自然存在的，而布丰持唯名论①观点，认为属只是分类工具。

与林奈注重“基本性状”不同，布丰认为“必须利用所研究对象的一切部分”，包括内部解剖、外部形态、生态、行为和分布[8]。他采取的分类方法是上行分类，即自下而上的分类方法，从底层开始，将相似的个体归为种，再将相似的低级单元聚集为高级分类单元，这种分类方法是经验性的，区别于依据人为标准划分类型的下行分类。自17世纪至19世纪，由于使用单个性状的下行分类在应用上越来越困难，实际上即使是林奈也不得不“在桌子下面秘密地”进行分类，下行分类方法逐渐为上行分类方法所替代。

## 5.4 动物分类学的复兴

动物与植物不同，植物之间结构基本一致，而动物则千差万别，所以动物学很早就进入了专业化，动物学家们大多是某一领域的专家，而不大关心如何对所有动物进行分类，这就导致了动物分类学在很长时间内都落后于植物分类学。另外，动物标本比植物标本更难以保存也是造成这一点的重要原因。直至18世纪晚

① 唯名论与实在论的争论是中世纪经院哲学的主要内容，唯名论不承认共相的客观实在性，只有个别的感性事物才是真实的存在，而实在论认为共相是个别事物的本质，是独立存在的精神实体。二者的争论可以追溯到柏拉图，且影响深远，很多科学概念在历史上都存在过类似争论，当前也依然存在。

期，动物分类学才由于拉马克和居维叶的工作而大大进步。

拉马克最重要的两项贡献[2]，一是将林奈的分类系统倒转了过来，自此由从复杂到简单的系统变为了从简单到复杂的系统——也就是进化系统，但是他也发现动物分类存在很多分岔而不是单一的排列体系[8]；二是明确地提出了“无脊椎动物”的概念。拉马克认为不仅物种可变，而且所有分类阶元都是动态的，不过他并没有基于自己的进化观念提出什么分类系统。

居维叶是古生物学的创始人，他对无脊椎动物的研究贡献很大，注重动物内部解剖结构和生理特征，是著名的比较解剖学家。居维叶提出了“器官相关法则”，认为动物的身体是一个整体，各部分器官之间是存在密切联系的，例如肉食动物具有与捕捉猎物相应的各种运动、消化方面的结构。应用这种知识，他对化石进行了研究，发现有的物种已经灭绝，而现存种类与灭绝种类间存在相似性，这为进化论提供了客观证据。他将动物分为四个门，指出不同门之间没有相关性，直线的自然阶梯自此倒塌。

## 5.5 达尔文进化论影响下的分类学

虽然林奈时期所发现的动植物种类已经很多，但研究依然限于地区或欧洲，实际上林奈也并非不想采集更多标本资料，但毕竟条件有限，他的某些学生在采集热带标本时甚至不幸死于热带病[8]。而到了19世纪中期，随着地区性分类学研究发展至高峰，越来越多的人开始关注偏远地区的动植物，环球航行和世界范围内大规模的标本采集使得分类学论著更为全面。也是在这一时期，达尔文参与了著名的贝格尔号航行，在航行中对物种不变的信条产生了怀疑，他的进化论是建立在分类学基础上的，同时他的进化思想对分类学影响极大。

从17世纪到19世纪，人们对下行分类越来越不满，分类学方法逐渐转变为上行分类，力求按照“亲缘关系”或“相似性”建立自然分类系统，但对如何实现这一点并没有达成共识。在这里需要澄清一下“相似性”：在达尔文提出进化论之前，博物学家们就已经意识到了相似性有两种，一种是真正的相似，比如企鹅与鸭的相似；另一种是同功（analogy），即由于功能相似而形态相似，如鲸与鱼的相似。而进化论提出之后，真正的相似是指起源相同所造成的相似，而同功是对环境的适应导致的趋同。

达尔文对分类学最重要的影响在于他指出了建立自然分类系统的途径，这就是按照共同祖先进行分类。他的共同祖先理论认为所有生物都源于共同的祖先，然后在亿万年间随着环境的变化而变化，进化形成不同的分支，而分类学的目的就是要分析生物的种系发育历史，进而建立自然分类系统。这一思想彻底放逐了上帝，并使自然界重新恢复了被居维叶所否定的连续性，只不过这种连续不再是自然阶梯中的线性关系，而是树状的、辐射的，拥有着丰富的多样性。

在进化论思想的影响下，分类学转为系统分类学。

## 5.6 现代分类学

20世纪，分类学吸取了其他学科的养分，获得了进一步的发展，最重要的是以下三点：

### 5.6.1 20世纪60年代后形成三大学派

分支分类学派[8]：20世纪50年代初由亨尼希（Willi Hennig，1913—1976）创立，以系统发育为分类原理，将共同祖先根据共有衍征（源自同一祖先的共有衍生性状，后裔均有而祖先没有）进行分类，早期在分类时均采取二叉分支，但后期也有多叉分支的情况，每个分支称为一个姐妹群。这一学派分类方法明确，但实际应用上存在一定困难，一是共有衍征判断并不容易，二是太过重视共有衍征而无视前进进化（可以视为与祖先分异的程度）的程度差异，有些分支有了很多特有衍征（姐妹群不具有，只有该分支自己具有的性状），但却被划在较低的分类阶元①下。

数值分类学派[8]：20世纪60年代初由史尼斯（Peter Henry Andrews Sneath，1923—2011）和索卡尔（Robert Sokal，1926—2012）等人建立，通过计算机将生物体尽可能多的性状放在一起，按照相似性系数对生物进行分类。这一学派的最大困难在于不同的性状实际上在分类中的重要性是不同的，而如果对性状进行加权又需要经验，这就违背了该学派所力求的“客观性”。不过，在为较大的属进行物种分类时，或者对混淆不清的种属关系进行澄清时，数值分类学派是颇为实用的。

进化分类学派：这一学派对达尔文分类学思想进行了继承与发扬，20世纪60年代定型，代表人物是辛普森（George Gaylord Simpson，1902—1984）和迈尔。与分支分类学派一样，该学派也是按系统发育原理对生物进行分类的，但是进化分类学派重视前进进化的程度，认为特有衍征与共有衍征同样重要。最典型的例子是关于鳄类与鸟类，由于鳄类与鸟类的亲缘关系要比和龟、蛇等近，所以分支分类学派认为鳄类与鸟类应位于同一分类阶元，而进化分类学派则认为鸟类已经发展出了一系列特有的特征，有理由将鸟类与爬行动物类划在同一分类阶元[8]。这种分类学派在方

① 分清分类单元（taxon）和分类阶元（taxonomic category）：分类单元是真实的生物类群，例如人类、哺乳动物、植物等都是真实存在的自然类群。而分类阶元是门、纲、目、科、属、种等，除了种以外，将分类单元放在哪一级的分类阶元中是人为的，不同分类学家可能将同一分类单元划入不同的分类阶元中。

法的严谨性上不如另两个学派，分类结果受学者主观因素影响要更强一些[2]。

目前分类学的主流是分支分类学派，但也综合了另两个学派的意见，可以将目前的分类学视为三者的融合。当前的大多数学者认同分类单元应为单系群，即包含某一共同祖先及其所有后代，以此表征进化关系。在这种观念下，传统的“爬行动物”就是不太严谨的说法了，因为它没有包含鸟类，缺失了“爬行动物”最近共同祖先的一支重要后代。所以标准的学术文献已不再如此表述，而是将鸟类归入“爬行纲冠群”或“蜥形类”，具体表述方法还存在争议，但核心思路是一致的。大家在查阅系统学或进化生物学资料时，会看到不少类似的问题，如“原生动物”“藻类”等的分类情况。理解“所有分类单元都要反映进化关系，所以应为单系群”这一核心，就可以理解学者们争论的原因了。

### 5.6.2 物种概念的变化

物种概念的变化体现了人们对自然界认识的加深。林奈时代认为物种是由形态相似的个体所组成的繁殖单元，强调物种不变和物种的客观存在。达尔文对物种的基本理解与此相反，强调物种可变，认为物种是人为单元，所以达尔文并没有给物种下定义。实际上，虽然物种是可变的，但物种之间又的确各不相同，这种各不相同是由不变所保证的，所以我国学者陈世骧（1905—1988）强调物种是变与不变的统一，变是物种发展的根据，不变是物种存在的根据[19]。正是由于物种可变，才存在由共同祖先进化而来的丰富多样性，而正是由于相对稳定的不变，物种这个概念才得以成为客观存在，物种中的个体才能够在种内生存繁衍，并带来物种的繁荣。

进入到20世纪，物种概念发生了新的变化。林奈与达尔文的物种概念都是个体概念，即物种是个体的集合。而现代物种概念则强调了群体的概念，个体间并非毫无关联，而是集合为大大小小的种群单元，种群是种内的繁殖单元。目前最被广为接受的物种概念是由迈尔定义的，“物种是在自然界中占有特定生境的种群的生殖群体，和其他种群的生殖群体被生殖隔离分隔开”[8]，这一概念强调了种群、生殖隔离和生态位，较为全面。

### 5.6.3 对最高分类阶元认识的加深

自古以来，生物一直被分为植物和动物，而随着微生物学和分子生物学等学科的发展，人们对植物和动物以外的生物认识日益加深，对传统的分界产生不满。一些生物学家进行了新的尝试，最有名的包括魏特克（Robert Harding Whittaker，1920—1980）提出的五界说和乌斯（Carl Richard Woese，1928—2012）与福克斯（George Edward Fox，1945—）等提出的三域说。

五界说指动物界（Kingdom Animalia）、植物界（Kingdom Plantae）、真菌界（Kingdom Fungi）、原生生物界（Kingdom Protista）和原核生物界（Kingdom Monera），拓展了传统生物学的边界。

三域说是随着对古菌（Archaea，又称古细菌）认识的加深而产生的。乌斯等人一开始将古菌单独列为一界，后来认识到古菌与细菌差异非常之大，已经不能用界这个分类阶元加以区分，所以将它们分为不同的域。三域包括古菌域（Domain Archaea）、细菌域（Domain Bacteria）和真核生物域（Domain Eukarya）。三域说是当前最被学界所接受的分类系统。

从上述几方面来看，分类学的发展离不开其他分支学科的发展，其成果也充分反映出人类对生物多样性与进化历史认识的加深。可以预期，作为生物学最古老的学科之一，分类学将在今后继续焕发它的生命力。

# 第六章　胚胎学

胚胎学又称发生学，是很古老的研究领域，早期希腊学者针对生物的个体发生发育所提出的问题直到近代甚至现代也还在讨论，这些问题包括[2]：为什么后代与双亲总是相似又有差别？两性在有性生殖中各有什么贡献？为什么生物个体刚形成时如此简单又相似，而后来则发育为复杂而与亲本相似的成体？为什么会产生畸形和怪胎？为什么有些生物失去肢体的一部分还能再生而其他生物却不能？我们可以看到，这些问题与现代的胚胎学、细胞学、遗传学均有密切联系，在本章中我们主要关注胚胎学的发展脉络。

## 6.1 早期研究

最早提出系统化胚胎学研究的是希波克拉底，他提出过可以选择20个或更多鸡蛋进行孵化，每天打碎一个进行检查，从而观察胚胎发育情况，不过这种系统化研究在希腊时期未必真正实践过，即使实践过也没有流传下来的观察结果记录。

对胚胎学影响最大的先驱者是亚里士多德，他提出了两种发育模式——预成论和渐成论，相关争论直至弄清基因的作用后才算真正宣告结束。亚里士多德的很多理论是建立在哲学基础上的，比如他认为在后代发育的问题上，母本提供没有分化的物质（质料因），父本提供重要的形成法则（形式因），如果形成法则没有很好地控制母本提供的物质，就会发育出怪胎或畸形。亚里士多德认为，在各种动物的发育过程中，普遍的特征先于个别的特征出现，该理论后来被冯·贝尔所发展，对后世影响很大。

盖伦也比较关注发生发育问题，他有一些观点与亚里士多德不同。比如亚氏认为在胚胎中，心脏是最先形成的，而盖伦则认为形成顺序是肝脏、心脏、大脑。亚氏认为雌性并不形成和雄性精液相对应的物质，而盖伦认为雌性也分泌性物质，两者在子宫混合后与母体供给的血液一起形成胎儿[2]。盖伦的研究和亚里士多德的研究一样，很大程度上是建立在思辨而非实践基础之上的。

文艺复兴时期，对人体解剖感兴趣的学者们进行了胚胎学的研究，比如维萨里和哥伦布。不过由于外界压力，维萨里只能用狗的胚胎进行研究，未提出什么建设性的观点。哥伦布则否定了亚里士多德的胎儿由母亲经血供养的观点，提出胎儿由母体血液经由脐带供养，并首创了“胎盘”（Placenta）一词[2]。

法布里修斯出版了两本重要的胚胎发育学著作，《论胎儿的形态》和《论鸡卵和小鸡的形成》，在后者中他认为小鸡的形态在胚胎发育的早期阶段就已经形成了，这种预成论观点对后世影响颇大。法布里修斯是非常信奉经典的人，所以与他在生理学的研究中一样，他对于胚胎学也没有提出理论上的突破，但是他的研究是建立在实际观察基础上的，他是科学研究个体发生发育的奠基者。

与他的老师不同，哈维是渐成论者。他从事胚胎发育研究多年，出版了名著《论动物的发生》，在书中提出名言“一切源于卵”，不过他所谓的“卵”实际上是指肉眼可见的胚胎，而真正的卵大多是肉眼看不到的，其存在是逻辑上的推断[7]。哈维实际上也是古代先贤的信徒，虽然他在实验研究中也发现了很多不同于亚氏观点的证据，但没有能够如心脏和血液的研究一样建立起新的理论体系。哈维的研究中既有理论上的逻辑推测，也有大量的实际观察，虽然存在不少错误——如认为受孕是一个“传染”的过程，雄性的精液通过传染影响雌性[7]——但大大激发了学者们对胚胎发育研究的热情。

## 6.2 预成论VS渐成论

在整个17世纪和18世纪上半叶，预成论占据绝对优势，持渐成论观点的著名学者几乎只有哈维。预成论的优势与机械论的盛行和宗教信念可能都有关系：对于机械论来说，预成论的发育模式要比渐成论容易解释，因为根据预成论，个体只是机械地增大，而渐成论却需要解释胚胎是如何发生变化的，在当时的知识水平下，要做出相应解释，很难不引入超自然力量；对于神学来讲，预成论更符合教义，所有人都是亚当和夏娃的后代[7]，在他们的身体里已经储存好了所有后代的“种子”。

马尔比基和施旺麦丹在显微镜下的发现被视为预成论的证据，虽然前者并未用预成论解释过自己在鸡胚发育研究中所发现的结果，而后者的研究仅是针对青蛙与蝌蚪或者昆虫的成虫与幼虫这种特殊存在的。施旺麦丹认为昆虫发育的四个阶段是一系列彼此包裹的盒子，青蛙的四肢也可以在某个阶段从蝌蚪的皮肤下分离开来，他认为马尔比基对鸡胚发育的研究与自己的研究有相似之处。类似的观点被用于神学解释——上帝创造生物时就将最后一代都造好了，存在于第一代生物的体内。

其他显微解剖学家的发现将预成论带入了更奇妙的争论。格拉夫发现了卵泡，但当时他认为自己发现的是卵，而列文虎克发现了精子，于是预成论内部开始了争论，分为精源论和卵源论。精源论认为在精子中已经存在了“小人”，而卵源论则认为卵中已经含有了微小的作为成体雏形的胚胎。

在17世纪，精源论盛极一时，甚至有人画图将精子描绘为微型的小人，并言之凿凿表示这是他们在镜下观察到的景象，而18世纪则是卵源论的天下。虽然也有一些学者认为精源论和卵源论都不能解释后代往往同时具有双亲特征这种现象，但没有成为主流观点。

如前所述，对预成论的支持很大程度上是出于神学信念，但近代科学的特征之一是重视证据，所以学者们支持某种学说往往也与实验观察的证据有关。比如，邦尼特发现了蚜虫的孤雌生殖现象，这成了卵源论的一大证据。再比如，斯帕兰扎尼发现蛙卵在体内时就已经开始发育，他认为这是卵源论的证据。更重要的是，他还进行了蛙类体外受精的实验。18世纪时，人们对受精过程的了解非常不足，毕竟1827年哺乳动物的卵才被发现，而要到19世纪末才有人首次观察到精子和卵细胞核的结合。所以，在18世纪，许多人认为受精过程都是发生于体内的，而斯帕兰扎尼却进行了体外受精实验，证实了蛙与蟾蜍是体外受精的，并且卵与精液必须接触[7]。为进一步研究精液哪一部分参与了受精过程，他将精液进行了过滤，将不含精子的液体涂到卵上，结果卵发育为了蝌蚪。于是，斯帕兰扎尼认为精子不参与受精过程，而这进一步支持了卵源论。就这样，斯帕兰扎尼通过实验获得了新知，但也得出了错误的结论。后人对斯帕兰扎尼的实验给出了新的解

释，部分学者认为实验结果的出现很可能是由于他的过滤并不彻底，所谓的“不含精子的液体”中依然含有精子，也有学者认为可能是他在涂布液体时刺激了卵，造成了人工的单性生殖[7]。这再次提醒我们，对同样的实验结果，可能可以给出不同的解释，具体哪种解释更为正确，要根据现有知识进行进一步的实验，且随着学科发展，旧的解释可能会被推翻。

整体而言，比起精源论，卵源论更为注重实验和观察的作用，看上去也更为合理。但正如上文所述，卵源论对实验结果的解释在当时的背景下是合理的，但并不是正确的。更重要的是，预成论对胚胎学发展实际上是不利的，正如沃尔弗所说，“那些接受预成论的人并没有解释发育，而是说发育不会出现”[7]，它无形中削弱了胚胎学的意义，因为既然胚胎与成体一样，就不需要再对胚胎进行研究了。

沃尔弗是18世纪渐成论的唯一代表，不过他并未给自己的研究冠以渐成论之名，而是认为胚胎学应当重视对胚胎发育过程的描述性研究，而不是急于确立发育机制[2]。沃尔弗的研究曾经受到过哈勒的批评，后者以《圣经》为根据反对他的观点，沃尔弗对此十分气愤，反驳说科学家站在宗教而非科学的立场上必定会带来偏见[7]。当然，实际上任何一位科学家的研究都是受到一定理论影响的，比如沃尔弗本人，他在哲学上反对机械论，这也许与其渐成论观点有关。不过，不论科学家本人具有怎样的观念，要判断观点合理性，依据都应该是证据而不是宗教典籍或哲学著作，在这一点上，沃尔弗非常正确。

与前人一样，沃尔弗也利用鸡胚进行了胚胎学研究，此外他还研究了植物的变形，这是他研究的精髓所在，即“动物和植物原始的未分化物质本质上是相同的”，这一理论“最终解释了胚胎学和细胞理论之间的本质联系”[7]。植物材料利于沃尔弗的研究，因为当时显微镜技术还存在局限，又缺少染色技术，造成了不少误观察，而未染色的植物材料比动物材料易于观察。在研究当中，沃尔弗发现植物各部分器官的雏形都是一些未分化的小囊泡①，而不存在预先已存在的结构，对鸡胚的研究也有类似的结果，所以沃尔弗认为胚胎发育是一个逐渐发育的过程。

沃尔弗不清楚发育的真正机制，但由于他反对机械论，所以使用了“本质的力”或“内在的力”这样的术语来解释胚胎发育，也就是用活力论的思想来理解这一问题。实际上，沃尔弗对胚胎发育机制的关心程度有限，他真正注重的是对胚胎发育过程中胚胎的分化和组织器官的形成的观察与描述，这一点后来被冯·贝尔发扬光大[2]。另外他还发现不同动物物种的胚胎之间比成体之间更接近，这一点后来也被冯·贝尔和海克尔（Ernst Haeckel，1834—1919）所发展[2]。

## 6.3 冯·贝尔

冯·贝尔的研究是传统胚胎学发展到新的高度的标志，他主要有以下几方面成就[2]：

（1）首次发现哺乳动物的卵

1827年，冯·贝尔发表《论哺乳动物和人卵的起源》。哈维曾提出“一切源于卵”，但他所指的并不是真正的卵，而是肉眼可见的胚胎；格拉夫认为自己发现了卵，但他发现的实际上是排卵的卵泡；直到冯·贝尔的研究，人类才第一次发现了哺乳动物的卵。他在实验时发现接近破裂的卵泡内有一个小的黄色实体，

① 这些囊泡可能是细胞，但沃尔弗并未关注这一点。

小心打开卵泡取走该物质后，在镜下对该物质进行了观察，发现它与鸟类的卵黄看起来非常相似，这就是最初所发现的哺乳动物的卵。后来冯·贝尔又在其他动物和人类体内寻找到卵，在进行比较后，他指出所有动物的卵的结构都是一致的，哈维的名言终于得到了最完美的注脚。

（2）将个体发育过程总结成胚层理论

冯·贝尔对个体发育所持观点基本是渐成论，但是他同样认为未来机体的组织是通过某些已经存在的东西的变形而实现的。他的好友潘德尔（Christian Heinrich Pander，1794—1865）描述了鸡胚的胚层，而冯·贝尔在理论上扩展了胚层理论，认为胚层现象是动物界的普遍规律，“尽管不同种类的成体脊椎动物之间存在很大的区别，但是相似的器官起源于对等的胚层。”他将胚胎发育分为三个主要时期，第一时期形成四个胚层，最外层发育为皮肤和神经系统，第二层发育为骨骼和肌肉，第三层发育为血管，最内层发育为食道及附属系统，第二时期形成各种组织，第三时期不同的组织构成器官或系统。后来雷马克（Robert Remak，1815—1865）将上述的第二和第三层胚层合并为中胚层，今天我们在大学中所学习的胚层理论就是三胚层系统。

（3）发现脊索

冯·贝尔在鸡的胚胎中发现脊索，后来又在哺乳动物的胚胎中发现脊索，他将胚胎中存在脊索作为脊椎动物的判断标志。脊索是位于消化道与神经管间的一条棒状结构，在脊椎动物胚胎中存在，而在成体中被脊椎代替。后来柯瓦列夫斯基（Alexander Kowalevsky，1840—1901）发现文昌鱼的成体也保留脊索，脊椎动物与无脊椎动物间的明显界限不复存在，为达尔文进化论提供了有力例证。

（4）贝尔法则

冯·贝尔在比较了不同脊椎动物的胚胎发育后，于1828年得出了以下结论：（1）胚胎发育中一般的性状先出现，特殊的性状后出现；（2）从一般的性状中逐渐发展出特殊的性状，最后形成特化的性状，如肢芽先发育为可辨认的肢体，然后分化为手、翅膀或鳍；（3）一个物种的胚胎在发育过程中逐渐与其他物种区分开来；（4）高等物种的胚胎经过的阶段与低等物种胚胎相似。

冯·贝尔创立了比较解剖学，他本人并不支持任何形式的进化论，但是他的研究成果却被作为达尔文进化论的证据，特别是贝尔法则，这又是一个观点决定证据用途的鲜明事例。

贝尔法则在海克尔的发展下成为进化的证据，海克尔提出了重演律（又称生物发生律），认为“个体发育重演系统发育”，胚胎发育经历由最低到最高等脊椎动物的所有层次。这一理论看上去很振奋人心，但是很可惜其中存在着错误。冯·贝尔就曾经反对过重演律，认为人类胚胎不可能重演其他物种的成体阶段。海克尔当作案例所描绘的第一版胚胎发育图存在着夸张与修改，而早年这张图在各国的教材中都作为进化论确定无疑的证据，正如当年盖伦的解剖学著作被奉为圭臬，由此可见将任何人视为权威都是不可取的。实际上，海克尔后来也对插图有所修正，只可惜错误版本已经进入教科书并深入人心了。这也教育我们：严谨的科研态度是每一位科学工作者所必须具备的，而这一态度要自学生时期开始养成。

虽然海克尔的重演律站不住脚，但有些人试图以此来证伪进化论就是借题发挥了。由于对丰富多彩的胚胎发育过程进行了太过简单的概括，重演律本身早已不被科学界所接受，但进化论者并未因

此动摇信念。同时，不同物种的胚胎在某一阶段的确存在相似性，这是建立在大量观察的基础上的。2010年，有研究发现[20]：在胚胎发育中期左右表达的基因较为古老与保守，其对应胚胎发育阶段也是不同生物间形态相似性最高的阶段；更早表达与更晚表达的基因在历史上出现得都较晚，其对应的胚胎发育阶段，不同生物间相似性较低，多样性较高。这些发现有力地证明了胚胎发育与历史演化确实存在关系，只是这种关系比重演律要复杂。

## 6.4 实验胚胎学

海克尔为代表的研究者将胚胎学作为丰富进化论的手段，而不大关心胚胎发育本身的研究，在方法上也没有进一步创新。而冯·贝尔的研究展示了胚胎发育的复杂，暗示了巨大的研究潜力，结合当时新兴的细胞学研究，新一代胚胎学家不满于观察与描述，开创了实验胚胎学。

实验胚胎学的奠基人是鲁（Wilhelm Roux，1850—1924）和杜里舒（Hans Driesch，1867—1941），都是德国人，从这里我们可以看到科学共同体对科学研究的作用，冯·贝尔的研究对德国影响很大，细胞学说的创始人施莱登和施旺都是德国人，同时19世纪德国的生理学也是颇为发达的，这都为实验胚胎学在德国萌芽与壮大起到了重要作用，实验胚胎学后来的代表人物施佩曼（Hans Spemann，1869—1941）也是德国人。

鲁是海克尔的学生，但是不同于他的老师，他认为胚胎学本身就很值得研究。他的研究使用了崭新的方法来解答胚胎学问题，而他的问题实际上还是那个老问题——预成论还是渐成论？鲁提出了两个假设，一是受精卵细胞分裂时遗传物质不均等分配，细胞自主分裂特化，发育过程是“极细微的多样性的转化”，即新预成论；二是受精卵细胞分裂时遗传物质均等分配，细胞受到周围部分影响，互相依赖着进行分裂与特化，发育过程是“多样性的真正增加”，即新渐成论[7]。鲁认为这两种假设都可以通过实验来验证，他用灼热的针破坏掉两细胞阶段的青蛙胚胎中的一个细胞，结果未曾被破坏的细胞发育成了半个胚胎，所以他认为这证明了细胞的自主分裂。他把受精卵想象成复杂的机器，而发育则是机器部件逐步分配的过程。

杜里舒也是海克尔的学生，他追随了鲁的实验胚胎学新方法，用海胆重复了上述实验，不过他是将两细胞阶段的胚胎用摇动的方式分为两个细胞而未曾破坏细胞，结果两个细胞分别发育为了完整的海胆，只是个体略小。杜里舒的这一研究结果大大出乎他的预料，胚胎细胞的发育潜力比预想的要大得多，“一个给定细胞的命运是它在整体中相对位置的函数”[7]。杜里舒认为用机械论的方式无法解释实验结果——机器分为两部分之后，它们不可能分别长成和原来一样的机器——不得不求助于一些非物质因素。后来杜里舒离开了胚胎学的研究，改为致力于哲学研究。

鲁和杜里舒的研究虽然得到了完全不同的结论，但这种争论并未阻碍实验胚胎学的研究，反而促进了它的发展，他们的研究奠定了实验胚胎学研究方法的基础。而在那之后，实验胚胎学研究的代表人物是施佩曼。另外哈里逊（Ross Granville Harrison，1870—1959）发明了组织培养技术，影响深远，直至今日。

施佩曼的最大贡献是研究了两栖类动物胚胎发育中的诱导作用，并发现“组织者效应”。他认为复杂器官的发育过程是一系列诱导作用所造成的，即一部分细胞影响相邻细胞使其定向分化，并将起诱导作用的物质称为“组织者”。施佩曼利用蛙类胚胎进行了移动不同部位细胞群的实验，并与学生曼戈尔德（Hilde Mangold，1898—1924）发现了蝾螈胚胎的“组织者区域”——胚孔背唇。曼戈尔德进行了巧妙的实验，将供体胚胎的背唇移植至宿主胚胎的侧腹，结果在宿主胚胎上形成了一个几乎完整的二级胚胎。施佩曼因为组织者相关的研究获得了1935年的诺贝尔生理学或医学奖，他还提出过核移植技术可以实现克隆，被称为“克隆之父”。很遗憾的是，当诺奖颁布时，曼戈尔德早已不幸去世，这位女科学家取得了诺奖级的成就，但未能得到相应的褒奖。

## 6.5 发育生物学

施佩曼的研究是建立在整体论观点上的，所以他认为组织者一定是活体的，反感生化解释。而后来科学家们发现即使是死的胚胎组织也保留了诱导的活性，开始寻求化学信号的解释。当细胞、亚细胞与分子水平的研究替代了有机体水平的研究后，胚胎学也被发育生物学所取代了。现代发育生物学是跨学科领域，综合了胚胎学、形态学、细胞生物学、生物化学、遗传学和分子生物学，着重于机理研究。

发育生物学的进展离不开对一些模式生物的研究，果蝇就是典型代表。在摩尔根等人大获成功之后，果蝇其实一度由于过于复杂而不再是研究热点。不过，在果蝇成为冷门的时期里，依然有少数人在继续对其进行研究，典型代表是1995年诺贝尔生理学或医学奖获奖者之一刘易斯（Edward Butts Lewis，1918—2004）。

遗传学上有所谓的“摩尔根三弟子”，分别是斯特蒂文特（Alfred Henry Sturtevant，1891—1970）、布里奇斯（Calvin Blackman Bridges，1889—1938）和穆勒（Hermann Joseph Muller，1890—1967），各自都有很多成果。刘易斯本科时的遗传学导师是穆勒的学生，1939年毕业后，他进入摩尔根所在的加州理工学院，投身斯特蒂文特门下，并最终获得了博士学位，1946年他从二战战场回到加州理工学院，自此开始独立的果蝇研究，再未间断。刘易斯研究的切入点是果蝇的一种突变，长有平衡棒的第三胸节消失，被长有一对翅膀的第二胸节所代替，这一突变是1918年布里奇斯发现的。从这一角度来看，刘易斯师承渊源与摩尔根的几位重要学生均有关联，可谓摩尔根小组的正统继承人[21]。

刘易斯所研究的突变属于同源异形突变，即身体某一部分的特征在其他部分出现。他围绕同源异形基因展开了近30年的研究，进行了大量工作，但期间发表文章不多，也未引起太大反响。1978年，刘易斯在《Nature》发表了一篇论文，对研究工作进行了总结：他发现9类发育相关基因在染色体上的排布与果蝇体节在位置上严格一一对应，并发现许多发育调节基因可影响其他基因的表达。这篇文章引发了巨大反响，人们重新看到了果蝇作为模式生物的巨大潜力。其后，一直对果蝇感兴趣的纽斯林-沃尔哈德（Christiane Nüsslein-Volhard，1942—，第6位生理学或医学奖女性得主）和威斯乔斯（Eric Wieschaus，1947—）在1978—1980年大量筛选了影响果蝇胚胎发育的基因，果蝇研究一跃重新成为热门。1995年，他们与刘易斯共同分享了诺贝尔奖。

果蝇重新成为研究热点，看上去是凭着刘易斯的一己之力，但背后反映了科学家对生物科学认识的加深。随着分子生物学的发展，科学家认识到基因的表达是受种种因素调控的，过程十分精密与复杂，所以，过去显得太过复杂的果蝇就重新受到了青睐。同时，各种新的手段也使果蝇研究能够跳出细胞水平，从而焕发出新的活力。

随着对果蝇关注度的提高，人们认识到：果蝇的基因与哺乳动物有较高的相似度，同时它相对简单，却又可以完成比较复

杂的行为，是理想的模式生物[22]。让我们跳出发育生物学的框架，再来看一看果蝇带来的其他成果。21世纪内，诺贝尔生理学或医学奖已数次垂青果蝇相关研究。2004年，阿克塞尔（Richard Axel，1946— ）与巴克（Linda Brown Buck，1947—，第7位生理学或医学奖女性得主）凭在嗅觉方面的卓越研究获奖，他们使用的实验动物为果蝇和小鼠。2011年，霍夫曼（Jules Alphonse Nicolas Hoffmann，1941— ）因发现果蝇Toll基因在先天免疫系统中的重要作用而获奖，与他共同分享1/2奖项的博伊特勒（Bruce Alan Beutler，1957— ）发现小鼠体内也有Toll样受体，现在已发现人体内同样具有这类受体，果蝇的模式生物作用得到了发挥。2017年，霍尔（Jeffrey Connor Hall，1945— ）、罗斯巴殊（Michael Rosbash，1944— ）和杨（Michael Warren Young，1949— ）因通过果蝇研究发现生物钟的分子机制而获奖。至此，果蝇研究相关的诺贝尔奖已增至6项，果蝇成了当之无愧的明星物种。

秀丽隐杆线虫是另一种常用于研究的模式生物，布伦纳（Sydney Brenner，1927—2019）是将其用于生物学研究的开创者。他是分子生物学的奠基人之一，在遗传密码破译后，转而通过秀丽隐杆线虫研究发育问题，特别是神经发育。布伦纳分析了调控秀丽隐杆线虫发育的许多基因，他的学生苏尔斯顿（John Edward Sulston，1942—2018）和霍维茨（Howard Robert Horvitz，1947— ）在秀丽隐杆线虫发育过程中的程序性细胞死亡的基因调控方面进行了重要工作，三人共同获得了2002年的诺贝尔生理学或医学奖。2006年诺贝尔生理学或医学奖和2008年诺贝尔化学奖也与秀丽隐杆线虫有关。如今，线虫已经成为可与小鼠、果蝇、斑马鱼、拟南芥、酵母等并列的模式生物。在可预见的未来，这些模式生物必将继续发挥作用，帮助科学家进一步加深对生命的认识。

# 第七章　细胞生物学

细胞学说是现代生物学的基础，是沟通各门分支学科的重要纽带，同时细胞生物学本身也是现代生物学中十分活跃的一门学科。细胞生物学产生的标志是细胞学说的建立，其后的发展可以看作在细胞学说框架下进行的充实与完善。直至今日，细胞学说相关内容依然是生物学的核心概念，需要教师着力帮助学生加以建构。

## 7.1 细胞学说的起源

### 7.1.1 细胞的发现

细胞一词的原意是小室，而自胡克于1665年在《显微镜图谱》一书中使用了“细胞”这个词来描述软木塞断面的小孔后，它就具有了生物学意义。17世纪的另外几位解剖学家也报道过对

于细胞的发现与观察[2]，比如列文虎克发现了红细胞、精子和一些单细胞微生物；马尔比基发现植物由许多有壁的小体组成，他将这些有壁的结构称为“椭圆囊”；格鲁也发现植物由细胞组成，并且植物新生部位的细胞排列紧密且多汁。

### 7.1.2 组织学说

18世纪，法国解剖学家比夏创立了组织学说。比夏是一位勤奋的解剖学家，他曾在一年中解剖多达600具的尸体[7]。当时，人们对病原体与传染病的关系还全然不知，所以也没有发展出任何保护措施，比夏于31岁就不幸去世了。

比夏从医学研究的目的出发，想要探究具有相似特性的器官是否存在相似的结构或功能组成，但他在器官水平上没有发现这种相似之处，转而将目光投向了更深的层次。比夏将器官用切开、浸泡、蒸煮、烘干等方法分离，将分离物浸泡于各种化学物质中，并把这些器官的基本结构称为“组织”。比夏将人体的组织区分为21种不同的类别①，各种组织聚集为器官，器官又进一步形成了更为复杂的各种系统，如呼吸系统和神经系统[7]。

比夏没有使用显微镜，而是用裸眼进行观察，他的这种选择有自己的理由[7]。一方面，比夏的研究主要目的是要提供一种病理改变的机制，通过对疾病进行定位，可以给出更好的治疗方案，对于当时的医学来讲，组织之外的显微结构并无理论意义。另一方面，比夏等医学家往往不大信任显微镜，因为当时的显微镜分辨率有限，有时也会存在图像的误读与主观臆测。综合上述原因，很可惜，比夏并未将研究深入到细胞水平。不过比夏自己也承认组织并不是真正的基本单位，客观上为细胞学说做了铺垫，

① 现代组织学将其并为4类：上皮组织、结缔组织、肌肉组织和神经组织。

在细胞学说建立之后，细胞-组织-器官-系统-个体的链条便顺利完成了。

### 7.1.3 19世纪初的前期准备

细胞学说建立于19世纪，在它建立之前，19世纪已经出现了一系列的前期事件，这些事件都与细胞学说最终得以建立有着一定的关系。

19世纪初，显微镜得到了改进，色差问题一定程度上得以改善。布朗在1831年发现了植物细胞的细胞核，浦肯野（Johannes Evangelista Purkinje，1787—1869）在1835年发现了鸡卵中的胚核[1]，这些发现与显微镜技术的改进不无关系，而施莱登和施旺的研究正是与细胞核密切相关的。不过布朗对自己的发现并不怎么重视，这又一次证明了不同的理论下同一观察结果可能会具有不同的意义。

德国浪漫主义自然哲学大概是细胞学说得以建立的哲学基础。早期关注有机体共同组成的学者中，很多人都受到了自然哲学的影响，比如德国的歌德（Johann Wolfgang von Goethe，1749—1832）和奥肯（Lorenz Oken，1779—1851），他们致力于寻找生物界错综复杂的多样性背后的共性，同时不相信机械论解释。歌德认为有机界由共同的原型所组成，由于这位大诗人本身名望极高，所以影响很大。而奥肯结合了显微镜观察和哲学推测，认为来源于内含未分化液体“原液”的纤毛虫是构成生命的共同单位，复杂的有机体由纤毛虫这种最简单的生命体所聚集而成，纤毛虫放弃了自己的独立性，而从属于作为整体的有机体[7]。

当时也有不受自然哲学影响的科学家对寻求有机体的基本组成成分感兴趣，比如法国学者迪特罗谢（Henri Dutrochet，1776—

1847）。作为坚定的机械论者，他认为所有动植物的组织都由“小球”所组成，这些小球通过“黏合”聚集成组织。这一观点看上去很接近于细胞学说，但是实际上迪特罗谢所说的“小球”是比较含糊的，有时指细胞，有时指细胞核，有时甚至指显微镜缺陷造成的衍射圈。更重要的是，后来的细胞学说实际上继承了奥肯的一个观点，就是这些基本组成单位有双重生命，一方面是作为个体的自己的，一方面是作为整体的整个有机体的[7]，而这一思想内核在迪特罗谢的理论中并不存在。

奥肯的“原液”后来被“原生质”所代替，它的本义是亚当，即上帝创造的第一个人。而浦肯野用这个词来表示动植物细胞发育过程中最初形成的物质，自此这个词有了生物学意义，并逐渐脱离了宗教意味。

浦肯野发现动物具有有核的细胞，但当时他并不认为那是“细胞”，因为当时的细胞观念是自植物细胞而来的，而不具细胞壁的动物细胞看上去不像“细胞”。但是浦肯野指出，这些“含核小颗粒”与植物细胞的作用是相似的[23]。浦肯野致力于改革显微镜制片技术，是最早应用机械切片机的人之一，在德国的大学里任教时开了显微镜技术课，他对显微镜应用于组织学研究的热情影响了弥勒（Johannes Peter Müller，1801—1858）。

弥勒是杰出的生理学家和比较解剖学家，他还是很多著名生物学家的导师，比如细胞学说的创立者之一施旺、建立三胚层理论的雷马克、细胞病理学的提出者魏尔肖、能量守恒定律的提出者之一赫尔姆霍茨（Hermann von Helmholtz，1821—1894）等[7]。弥勒是第一批使用显微镜方法研究病理现象的人，由于他的名望，显微镜的应用范围得到了拓展。从弥勒受到浦肯野的影响和他的学生们中有如此多位著名学者这个例子，我们可以看到科学共同体对于科学发展的重要性。

## 7.2 细胞学说的建立

通过前面所谈到的种种工作，细胞学说的基础已经铺垫好了，但一个学说要真正建立还是需要某些个人进行创造性的活动，细胞学说的最终建立要归功于德国植物学家施莱登和动物学家施旺。

### 7.2.1 施莱登

施莱登早年学习法律，之后从事律师工作，但是工作颇为失败，以致打算自杀，幸好并未成功。之后他放弃法律转而从事自然科学研究，事实证明这是个正确的抉择。在获得了医学和哲学双博士学位后，他被聘为耶拿大学的生物学教授[7]，并在不久之后成为细胞学说的创立者之一。

施莱登认为对植物个体发育进行研究要比传统的植物分类学更为重要，而这需要采用各种各样的研究手段，包括显微镜的使用。他很重视布朗关于细胞核的研究，认为这可能是理解植物生长和发育的关键，他将细胞核（nucleus）重新命名为细胞形成核（cytoblast），认为新细胞的生成与细胞核有关。施莱登指出所有的植物都是细胞的集合体，而这些细胞都具有双重的生活，一方面细胞个体具有独立活动，一方面所有细胞都是植物整体的一部分，我们可以从这里看到奥肯理论的影子。由于细胞是植物体的基本组成单位，所以施莱登认为植物生理学涉及的所有方面实际上都是细胞活动的表现形式[7]，这与现代观点非常相似。

对于新细胞的产生，施莱登描述过几种不同的细胞形成方法，他个人最为认可的是“细胞游离形成”的假说[7]。这一假说认为细胞生长与结晶过程类似，细胞中有一种无定形的富含糖和

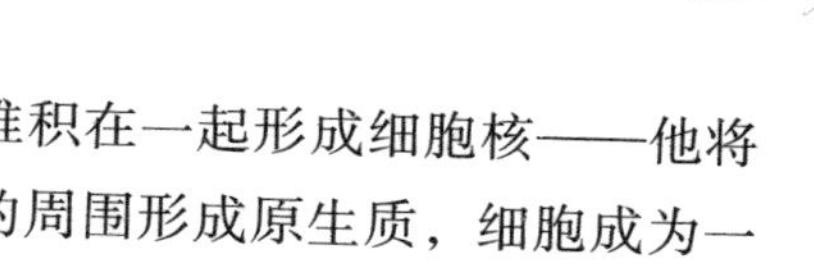

黏液的液体，这种液体内的颗粒堆积在一起形成细胞核——他将其称为细胞形成核，然后细胞核的周围形成原生质，细胞成为一个逐渐膨大的透明囊泡，最后外层形成坚硬的细胞壁，新的细胞就从老细胞中“生长”出来了。同时代也不是没有细胞分裂的观点，但是施莱登认为细胞分裂是对预成论的回归，所以他不采纳细胞分裂的假说。

### 7.2.2 施旺

施旺在生理学、解剖学、微生物学等方面都有所成就：他发现了胃蛋白酶——从动物组织提取的第一个酶；发现了包裹神经元轴突的鞘细胞——以他名字命名的施旺细胞；设计实验否定自然发生；发现了发酵要有酵母菌的参加——后来由巴斯德证实；而他最重要的成果是与施莱登一并建立了细胞学说。

施旺与施莱登性格完全相反，施莱登性格暴躁激烈，在与同行的论辩中毫不留情，施旺则内向温和，很不擅长与他人争辩。但他们却能够良好地相处与交流，成就了科学史上的一段佳话，这与他们都具有创新精神而不盲从权威也许有一定关系。

1837年，施旺与施莱登结识，后者向他介绍了细胞核在植物发生中的作用，这极大地启发了施旺。在当时，观察动物细胞要比观察植物细胞困难得多，因为染色技术还没有发展起来，不自带色素的细胞观察起来就比较困难。另外，动物细胞没有细胞壁，形状又千差万别，人们往往不认为它们与植物细胞是同样的存在。正是施莱登提到了细胞核的重要性这一点启发了施旺，他通过研究发现，尽管动物组织形态各不相同，其基本组成单位的形态也有差异，但这些基本组成单位都具有细胞核，这就说明动物与植物的基本组成单位存在一致性。

1839年，施旺发表了著名的《关于动植物的结构和生长的一致性的显微研究》，从动物角度提出了细胞学说[7]。施旺指出，和植物一样，动物也是由细胞组成的，植物细胞与动物细胞都具有细胞膜、细胞内含物和细胞核。与施莱登一样，施旺也认为细胞营双重生活，指出动物细胞也是具有独立的活动和作为整体的部分的活动。他还指出动物细胞有两种：一种与植物细胞一样是彼此分离的，而另一种的细胞膜部分或完全地和周围的细胞融合在一起。动物细胞看上去形态大小各异，但不管它们看上去多么不像细胞，追溯胚胎发育，它们都是由细胞发育而来的。

在细胞发生的问题上，施旺没有做出创造性的改变，承袭了施莱登的理论。不过施旺提出了细胞存在“代谢现象”的观点，“新陈代谢”（metabolism）一词是他的创造，他认为细胞普遍具有代谢作用，这是生命的特性，亦即：细胞不仅是结构单位，还是功能单位。基于这种想法，除了细胞的结构外，施旺还想要研究细胞的生理活动——细胞的功能。但当时尚无手段可用于研究多细胞生物单个细胞的功能，所以他以酵母菌这种单细胞生物作为研究对象，以酵母菌的酒精发酵作用作为细胞代谢的典型代表，从而得以部分实现他的研究目的。施旺所提出的细胞代谢的观点影响了贝尔纳，后者提出了内环境的概念，成为时至今日依然在指导着生理学研究的生物学核心概念。

但在当时，施旺的理论并没有那么幸运。在催化作用的提出者——著名化学家贝采里乌斯（Jöns Jakob Berzelius，1779—1848）那里，酵母菌只是一种新的催化剂，虽然某种角度上这个看法是对的，但他当时的理解必然与现代不同，而且他也没有从“细胞的生命活动”这个角度去理解这一问题。而在德国著名化学家李比希（Justus von Liebig，1803—1873）和维勒那里，“发酵是一种生命活动”的观点则受到了十分严厉的批判，他们匿名发表了文章，用夸张的语气讽刺施旺，“溶液里的酵母产卵并孵

化出烧瓶形状的动物，这些动物吞吃了溶液里的糖后开始消化，最后粗鲁地打嗝喷出二氧化碳和酒精”[7]。今天看来，这种描述不失为一种不够严谨的简化科普，但在当时是非常刻薄的讽刺。施旺其后离开德国去往比利时，与他受到德国学界重要人物的批评不无关系，因为他的性格内向羞怯，无法忍受这种攻击与争辩。捍卫“发酵的生物说”理论的任务要交给另一位科学家来完成，我们将在微生物学一章中加以介绍。

### 7.2.3 细胞学说

施莱登与施旺共同建立的细胞学说概括起来要点如下[24]：

（1）细胞是有机体，一切动植物都是由细胞发育而来，并由细胞和细胞产物所构成。

（2）每个细胞作为一个相对独立的单位，既有它“自己的”生命，又对与其他细胞共同组成的整体的生命有所助益。

（3）新的细胞可以通过已存在的细胞繁殖产生。

细胞学说一经发表就引起了广泛重视，基本得到了普遍接受，比起历史上的很多其他重要学说经过很多波折才被接受，细胞学说可以说是时代的宠儿。这也许是由于生物学家们都一直期待架构起统一的生命图景，而细胞学说终于“推倒了分隔动、植物界的巨大屏障”。

细胞学说具有重要意义，其与达尔文进化论和孟德尔遗传学被并称为现代生物学的三大基石，同时，可以说细胞学说又是后两者的基础。细胞学说使千变万化的生物界终于在人类认识中有了基础上的统一性，证明了生物彼此之间是存在联系的，这为生物进化理论奠定了基础，使细胞-组织-器官-个体这一系统得以完善。深入到细胞水平进行研究，帮助人们加深了对遗传等问题的理解，孟德尔遗传学被再发现的背景之一就是减数分裂的发现。

另外，细胞学说蕴含了“整体大于部分之和”的哲学思想，特别是细胞生命的双重性一定程度上体现了辩证思想，在微观层次的研究如火如荼的今天，研究者特别要注意研究对象作为整体的一部分的特性。恩格斯（Friedrich Engels，1820—1895）把细胞学说、进化论、能量守恒和转化定律列为19世纪的三大科学发现。

## 7.3 细胞生物学的进一步发展

细胞学说被迅速接受，但最初的细胞学说中也存在一些问题。由于人们对细胞相关研究的热情，这些问题很快被修正。19世纪后期，染色技术发展了起来，显微镜下的观察更加清晰，亚细胞结构被一一发现。20世纪至今，细胞生物学进一步发展，并与其他学科紧密结合，始终具有旺盛的生命力。

### 7.3.1 新细胞产生的方式——细胞分裂

施莱登和施旺的细胞学说与现代观点最不一致的地方就是细胞的形成方式，在细胞学说发表后的几年中，很多生物学家对此提出了批评。在19世纪内，有关细胞分裂的研究逐渐完善。

植物学家耐格里（Carl Wilhelm von Nägeli，1817—1891）是施莱登的朋友，他捍卫了细胞学说，但是也指出了细胞学说的不足[7]。19世纪40年代，通过对各种植物细胞的研究，耐格里最终确认：新的细胞是通过母细胞的分裂产生的。几乎在同时，默勒（Hugo von Mohl，1805—1872）也发现了植物细胞是通过分裂而产生的[2]。

动物细胞分裂方面[2]：克里克尔（Albert von Kölliker，1817—1905）于19世纪中期第一个指出动物细胞也是通过分裂而产生的。此外，克里克尔首次将细胞学说用于胚胎发育的理论，他指

出胚胎发育过程实际上是单细胞的卵不断分裂的过程，这一点为后来实验胚胎学的发展奠定了基础。莱迪希（Franz Leydig，1821—1908）和雷马克的工作验证了克里克尔的观点，雷马克还详细描述了无丝分裂中细胞核分裂的形态变化。

随着19世纪后半叶显微技术与染色技术的发展，细胞分裂过程在镜下可以更清楚地观察到。1875年，斯特拉斯伯格（Eduard Adolf Strasburger，1844—1912）清晰描述了植物细胞分裂的过程，并创立了“细胞质”和“核质”等术语[2]。动物细胞分裂的详细描述则是由弗莱明（Walther Flemming，1843—1905）做出的，他提出“染色质”术语，并于19世纪70年代后期对动物细胞分裂过程中染色体①的变化作了详尽描述。1882年，弗莱明将体细胞的分裂称为“mitosis”，即中文所称的有丝分裂。1884年，斯特拉斯伯格将有丝分裂分为分裂前期、分裂中期和分裂后期[25]。至此，细胞有丝分裂过程中形态的变化已经被了解得相当清楚了，达到了今天普通人的了解水平。

在减数分裂的发现历史上，理论很可能起到了重要作用。1883年，比利时动物学家贝内登（Édouard Joseph Louis-Marie Van Beneden，1846—1910）发现马蛔虫的配子细胞中有两条染色体，而受精后的合子细胞中有4条染色体，与体细胞的染色体数目相同。如果这种受精后的加倍作用持续发生，生物会很快具有成百上千的染色体，而这明显不符合事实。1885年，德国动物学家魏斯曼根据他的种质理论提出推测：在配子细胞形成时会发生一种不同于有丝分裂的细胞分裂，使配子的染色体数目减少一半，而受精作用时染色体数目恢复到和亲本体细胞一致。这一理论很快

---

① “染色体”一词由瓦尔德-哈茨（Heinrich Wilhelm Gottfried von Waldeyer-Hartz，1836—1921）于1888年提出。

就被证实了，1890年，赫特维希（Wilhelm August Oscar Hertwig，1849—1922）发现了海胆细胞的减数分裂现象，不久后鲍维里（Theodor Heinrich Boveri，1862—1915）也在马蛔虫细胞中发现了减数分裂现象。1905年，法尔莫（John Bretland Farmer，1865—1944）和莫尔（John Edmund Sharrock Moore，1870—1947）创立了"减数分裂"（meiosis）术语，并全面而详细地描述了减数分裂过程[2]。减数分裂的发现对遗传学具有重要意义，孟德尔遗传定律的再发现就是在这种背景下发生的。

### 7.3.2 细胞病理学的提出

魏尔肖在细胞学说的基础上建立了细胞病理学，被誉为病理学之父。他视野广阔，博学多才，不仅是科学家，也是社会活动家。魏尔肖将细胞学说应用于病理研究，他提出在细胞-组织-器官-系统-有机体这一长链中，细胞是基础环节，医学应当注重分析疾病状态下细胞发生了怎样的变化。他将人体比喻为由自由平等的细胞组成的国家，而细胞就是国家内的公民，疾病的起因是公民间的战争和外界因素[2]。当时，西方医学还在被古老的体液病理学所统治，细胞病理学的建立大大促进了医学的发展。魏尔肖自己就有一系列的医学发现，最重要的是通过尸检发现一名死者白细胞异常增多，于是命名了"白血病"。

魏尔肖还在1858年提出了"一切细胞来源于细胞"，后来弗莱明提出"一切细胞核来源于细胞核"。魏尔肖的这一名言与哈维的"一切生命来源于卵"和巴斯德的"一切生命物质来源于生命物质"，并称为生物学史上著名的三大概括性论点[2]。

### 7.3.3 亚细胞结构的发现

19世纪后半叶，随着显微镜技术与染色技术的发展，各种亚

细胞结构被发现。19世纪50年代，克里克尔在肌细胞中发现了颗粒状结构，弗莱明随后发现许多细胞中都有这种结构[2]；1894年，阿尔特曼（Richard Altmann，1852—1900）提出这些颗粒可能是共生于细胞内的细菌，可以看作开内共生理论之先河；1898年，本达（Carl Benda，1857—1932）将这种结构命名为线粒体。席姆佩尔（Andreas Franz Wilhelm Schimper，1856—1901）发现淀粉在植物特定部位合成，并在1883年将合成淀粉的实体命名为叶绿体。1883年，贝内登和鲍维里发现了动物细胞中的中心体。1898年高尔基（Camillo Golgi，1843—1926）发现高尔基体，并获1906年诺贝尔生理学或医学奖。

20世纪，随着电子显微镜与各种新技术的应用，细胞膜、各种细胞器和细胞核的研究更加深入，无论是形态还是功能的认识都大大超过19世纪。我们所熟悉的细胞膜的几种模型就是在应用新技术取得新成果的前提下提出的，当前学界广为接受的是流动镶嵌模型，之后也有一些补充与发展，如“晶格镶嵌模型”与“脂筏模型”等。1974年，诺贝尔生理学或医学奖颁给了克劳德（Albert Claude，1899—1983）、帕拉德（George Emil Palade，1912—2008）和德迪夫（Christian René de Duve，1917—2013），他们分别发现了内质网、核糖体和溶酶体。三位科学家还各自做出了其他重要贡献：克劳德确定了线粒体为细胞提供能量；帕拉德以豚鼠胰腺泡细胞为材料，用同位素示踪方法研究了分泌蛋白质的合成、运输与分泌途径，这也是每版中学生物教材都会加以描述的经典实验；德迪夫将过氧化物酶体鉴定为细胞器，并提出了细胞“自噬”（autophagy）的概念。德迪夫发现溶酶体的实验也颇为精彩，他发现随着搅拌器处理时间的增加，大鼠肝组织匀浆中的酸性水解酶活性明显升高；而用不同浓度蔗糖溶液作为提取液时，蔗糖溶液浓度越低，酸性水解酶活性越高，由此做出了这些酸性水解酶位于具膜小泡内的推断。教师不妨在介绍细胞结构时引领学生分析这些精彩实验，进行思维探究，发展科学思维与科学探究核心素养。2009年，拉马克里希南（Venkatraman Ramakrishnan，1952—）、施泰茨（Thomas Arthur Steitz，1940—2018）与约纳特（Ada Yonath，1939—，第4位诺贝尔化学奖女性得主）因绘制核糖体结构图而获诺贝尔化学奖，他们使用了X射线衍射技术，这种技术在多种大分子的模型建立过程中均起到过重要作用，反映出技术对科学的促进作用。

值得一提的是，电子显微镜在亚细胞结构观察方面居功至伟，从透射电子显微镜到扫描电子显微镜，一直是科学家研究的利器。1986年，发现电子显微镜的鲁斯卡（Ernst Ruska，1906—1988）成为诺贝尔物理学奖的获得者之一。2017年，三位科学家由于研发冷冻电子显微技术而获得了诺贝尔化学奖，他们分别是杜波切特（Jacques Dubochet，1942—）、弗兰克（Joachim Frank，1940—）和亨德森（Richard Henderson，1945—）。目前，亚细胞结构的相关研究仍然是生物学研究的热点之一，并逐渐深入到分子水平。冷冻电镜技术就有助于生物大分子结构的解析，我国在这方面的研究水平居于世界前列，促进了人类对生命世界认识的加深。当然，光学显微镜也依然在生物学研究领域发挥着重要作用，2014年的诺贝尔化学奖就颁给了超高分辨率荧光显微技术，白兹格（Eric Betzig，1960—）、赫尔（Stefan Walter Hell，1962—）与莫纳（William Esco Moerner，1953—）获奖。

### 7.3.4 细胞代谢研究的发展

自施旺提出细胞具有新陈代谢作用之后，历经近200年，人们对细胞所进行的复杂的代谢活动有了深刻的认识。这方面涵盖内容很多，如酶在代谢活动中的作用、能量的产生与利用、不同物质的合成与运输、物质跨膜运输的方式、细胞核在控制代谢方面的指挥作用，等等。其中也产生了多项诺贝尔奖：1907年，毕希纳（Eduard Buchner，1860—1917）因无细胞发酵的发现而获诺贝尔化学奖；1929年，哈登（Arthur Harden，1865—1940）和欧拉-歇尔平（Hans von Euler-Chelpin，1873—1964）因辅酶的发现与研究而获诺贝尔化学奖；1931年，瓦尔堡（Otto Warburg，1883—1970）因对呼吸酶的研究而获诺贝尔生理学或医学奖；1953年，瓦尔堡的学生克雷布斯（Hans Adolf Krebs，1900—1981）因发现柠檬酸循环（也称三羧酸循环）而获诺贝尔生理学或医学奖，与他分享奖项的李普曼（Fritz Albert Lipmann，1899—1986）发现了辅酶A及其在柠檬酸循环中的重要作用；1955年，特奥雷尔（Axel Hugo Theodor Theorell，1903—1982）因氧化酶性质和作用方面的研究而获诺贝尔生理学或医学奖，他解释了许多酶中的铁原子是如何在传输电子方面发挥重要作用的；1978年，米切尔（Peter Dennis Mitchell，1920—1992）因提出化学渗透学说而获诺贝尔化学奖；1985年，布朗（Michael Stuart Brown，1941—）与戈尔茨坦（Joseph Leonard Goldstein，1940—）因胆固醇代谢调节方面的发现而获奖，他们发现细胞膜表面存在着低密度脂蛋白的受体，该受体缺陷会导致血浆中低密度脂蛋白胆固醇难以被清除；1992年，费希尔（Edmond Henri Fischer，1920—2021）与埃德温·克雷布斯（Edwin Gerhard Krebs，1918—2009）因对蛋白磷酸化与去磷酸化的研究而获诺贝尔生理学或医学奖，这种可逆过程可以调节蛋白质的功能，进而调节机体的各种反应，非常重要；1994年，吉尔曼（Alfred Goodman Gilman，1941—2015）与罗德贝尔（Martin Rodbell，1925—1998）因发现G蛋白及其在细胞信号转导中的作用而获诺贝尔生理学或医学奖；1997年，斯库（Jens Christian Skou，1918—2018）因发现钠/钾泵、博耶

（Paul Delos Boyer，1918—2018）和沃克（John Ernest Walker，1941—）因阐释ATP的合成机理而获诺贝尔化学奖；1998年，佛契哥特（Robert Francis Furchgott，1916—2009）、伊格纳罗（Louis José Ignarro，1941—）和穆拉德（Ferid Murad，1936—2023）因发现NO是一种信号分子而获诺贝尔生理学或医学奖，后来发现NO在神经调节、体液调节、免疫调节中均起作用；1999年，布洛贝尔（Günter Blobel，1936—2018）因发现信号肽的定位功能而获诺贝尔生理学或医学奖；2003年，诺贝尔化学奖颁给了通道蛋白相关研究，阿格雷（Peter Agre，1949—）因发现水通道蛋白、麦金农（Roderick MacKinnon，1956—）因解析$K^+$通道蛋白结构而获奖；2004年，切哈诺沃（Aaron Ciechanover，1947—）、赫什科（Avram Hershko，1937—）和罗斯（Irwin Allan Rose，1926—2015）因发现泛素介导蛋白质降解而获诺贝尔化学奖；2013年，罗斯曼（James Edward Rothman，1950—）、谢克曼（Randy Wayne Schekman，1948—）与苏德霍夫（Thomas Christian Südhof，1955—）因发现囊泡运输调节机制而获诺贝尔生理学或医学奖；2019年，凯林（William George Kaelin Jr，1957—）、拉特克利夫（Peter John Ratcliffe，1954—）和塞门扎（Gregg Leonard Semenza，1956—）因对细胞感知和适应氧气供应水平机制的研究而获诺贝尔生理学或医学奖。

其中，化学渗透学说作为当前解释ATP如何通过氧化磷酸化与光合磷酸化而产生的主流机制，经历了从不被认可到荣誉加身的过程，很具戏剧性，理解该理论也能够帮助加深对生命观念的认识，在此进行简单介绍。

20世纪五十年代，学界已经①知道有氧呼吸的基本过程，了解一系列的生化反应；②知道ATP是细胞通用的能量货币，明确有氧呼吸可以产生ATP，也了解制造ATP的场所是线粒体内膜上的一种蛋白复合体。但有氧呼吸的生化过程与ATP的合成是如何整合到一起的？学界尚不得而知。当时的猜测是存在某种有氧呼吸的中间产物，它会参与到ATP合成的化学反应中去，从而将两条已经分别研究得比较清楚的途径联系起来，学界对找到这种中间产物持有比较乐观的态度。不过，也有一些现象很难解释，最明显的是一分子葡萄糖被完全氧化分解时，生成的ATP数量是不固定的，测量结果为28-38个ATP分子①；此外，有些物质会使有氧呼吸过程与生成ATP过程解耦，也就是有氧呼吸照常进行，而ATP却不能产生了，这些解耦剂五花八门，看上去没有什么化学结构的相似性。

在这种背景下，米切尔——一个早期研究方向是细菌的主动运输的学者——于1961年提出了他的化学渗透（chemiosmotic）学说，这里的“渗透”并不是我们通常所理解的渗透的含义，而是取了希腊文原意——推动[26]。他将有氧呼吸产生ATP的过程比作水力发电，随着葡萄糖的氧化分解，电子传递链使质子（$H^+$）由线粒体基质被“泵”到线粒体内外膜之间；线粒体内膜就像水坝，由于其选择透过性作用，被泵到外侧的质子无法自行渗透进入内膜，于是线粒体内膜的内外就形成了很强的质子梯度，这就有了电化学势能，与水库所能形成的势能类似；ATP合酶是质子回流的唯一通道，相当于泄洪通道，质子梯度驱动着质子通过ATP合酶进入线粒体基质，并推动ATP合酶工作，产生ATP，于是势能转化为了化学能，与水力发电的势能转化为电能类似。简言之，有氧呼吸推动质子梯度的产生，质子梯度驱动ATP合成。

这个理论可以很好地解释上文所述的问题，①葡萄糖氧化量

① 生物化学书中会说一分子葡萄糖完全氧化分解时生成30-32个ATP，这是理论计算结果，实测值会上下浮动。

与ATP产生量不匹配的问题，实际上是由于质子梯度推动ATP合成这一步要受细胞实际能量需求控制，所以并不一定与葡萄糖实时氧化量一致；②解耦剂制约的是质子梯度驱动ATP合成这一步，它们实际上都是一些脂溶性弱酸，在内膜外侧会结合$H^+$，扩散到内膜内侧后又会释放$H^+$，造成好不容易积累起来的质子梯度被瓦解了，也就无法驱动ATP合成了。

但是，化学渗透学说一经提出，就遭到了所有主流学者的反对，因为它不符合常识中化学反应一步步进行的标准流程，而是绕了一个大圈，非常反直觉。在激烈的反对声中，米切尔不得不离开当时任职的爱丁堡大学，但他本人财力雄厚，回到乡间自建了一个研究所，并招收了助手，继续为自己的理论战斗。米切尔还宣称，他的理论不仅可用来解释有氧呼吸，也能解释光合作用，同样也适用于所有运用ATP作为能量货币的单细胞生物。他性格较为叛逆，不会由于自己被学界反对就轻易屈服。

随后，一些学者出于反驳化学渗透学说的目的进行了一些实验，结果反而支持了该理论。举一个特别典型的例子：植物学家雅根多夫（André Jagendorf，1926—2017）一开始认为用质子梯度来解释ATP的产生是无稽之谈，于是他进行了一个巧妙的实验。在黑暗中，首先将叶绿体置于pH为4的缓冲液中，保证叶绿体基质与类囊体腔内pH一致，再将叶绿体放入含有ADP和Pi的pH为8的缓冲液中，制造出类囊体膜内外的质子梯度——膜内$H^+$浓度远高于膜外，结果检测到了ATP的立即合成。这一实验结果并不符合雅根多夫的预期，却很符合化学渗透学说，于是雅根多夫很快倒戈，成为化学渗透学说的支持者。

20世纪70年代后，化学渗透学说已经成为生物能量学的新范式，并逐渐扩展到了其他方面。我们所熟知的内共生学说的证据之一就是细菌与线粒体和叶绿体具有相同的能量转换机制——利

用质子梯度产生ATP。也有学者根据质子梯度的重要性推测原始细胞的生存环境，据此提出自己关于生命起源的假说[26]。1997年，诺奖颁予阐明ATP合酶作用机理的工作，可以看作再一次为化学渗透学说加冕。

深入分析化学渗透学说，我们可以挖掘出很多对渗透生命观念有所帮助的深刻内涵。首先，该学说关心的是物质与能量的问题，体现了生命体特殊的能量转换方式，同时又并未脱离物理与化学规律。其次，该学说充分重视到了生物膜的结构与功能，正是由于生物膜对$H^+$具有选择透过性，质子梯度才能够在膜两侧形成，而膜上的ATP合酶精巧的结构又使得它能够担负起将电化学势能转化为化学能的工作。最后，该学说提醒我们注意不同生物间的相似之处，而这是生物具有共同祖先的有力证据，同时，这种复杂的机制也对推测生命起源提供了一定的启示——生命应该起源于具有天然质子梯度的地方。由此，我们可以由一个学说串起许多知识点，形成真正的大概念。

### 7.3.5 对细胞生命历程认识的加深

细胞学说中，细胞具有双重生命是颇能体现局部与整体关系的一个特征。作为本身也具有生命的生命系统，细胞与生物个体类似，也具有自己的生命历程。时至今日，人们已经对细胞周期调控、细胞分化及其与胚胎发育的关系、细胞死亡的几种方式、细胞的非正常增殖——癌变等都有了较为清晰的认识。相关领域诺贝尔生理学或医学奖列举如下：

1966年，劳斯（Peyton Rous，1879—1970）因发现诱导肿瘤发生的病毒而获奖。随后，科学家研究了肿瘤病毒的致病机理，发现它们会将自己的遗传物质整合进细胞基因组，1975年的奖项颁给了相关研究，特明（Howard Martin Temin，1934—1994）

与巴尔的摩（David Baltimore，1938—）各自独立发现了病毒存在逆转录，他们共同的老师杜尔贝科（Renato Dulbecco，1914—2012）也因发现DNA病毒能将自身DNA整合到细胞染色体DNA中而一同获奖。1986年，列维-蒙塔尔奇尼（Rita Levi-Montalcini，1909—2012，生理学或医学奖第4位女性得主）与科恩（Stanley Cohen，1922—2020）分别因发现神经生长因子和表皮生长因子而获奖，生长因子可以促进细胞增殖、分化与存活。1989年，肿瘤病毒相关研究再次获奖，毕晓普（John Michael Bishop，1936—）与瓦慕斯（Harold Eliot Varmus，1939—）发现所谓的致癌基因在正常细胞中也存在，从而发现了原癌基因。2001年，哈特韦尔（Leland Harrison Hartwell，1939—）、亨特（Richard Timothy Hunt，1943—）与纳斯（Paul Maxime Nurse，1949—）因发现细胞周期的关键调节因子而获奖。2002年的诺贝尔生理学或医学奖颁给了秀丽隐杆线虫发育与细胞凋亡基因调控相关研究，布伦纳、苏尔斯顿和霍维茨获奖。2009年，布莱克本（Elizabeth Helen Blackburn，1948—，生理学或医学奖第9位女性得主）、格雷德（Carolyn Widney Greider，1961—，生理学或医学奖第10位女性得主）与绍斯塔克（Jack William Szostak，1952—）获奖，布莱克本发现端粒含有特殊的DNA，她与绍斯塔克一起证明了这种DNA可以防止染色体被破坏，并与学生格雷德一起发现了端粒酶。2012年的诺贝尔生理学或医学奖颁给了动物细胞全能性方面的研究：哈伯兰特（Gottlieb Haberlandt，1854—1945）曾于1902年，在细胞学说基础上提出离体植物细胞具有全能性的假说，该假说后来得到了验证，而动物细胞的全能性主要体现在细胞核，2012年的获奖者之一戈登（John Bertrand Gurdon，1933—）进行了这方面的开创性研究，于1962年实现了非洲爪蟾的克隆；2012年的另一位获奖者山中伸弥（Yamanaka Shinya，1962—）则制造出了诱导

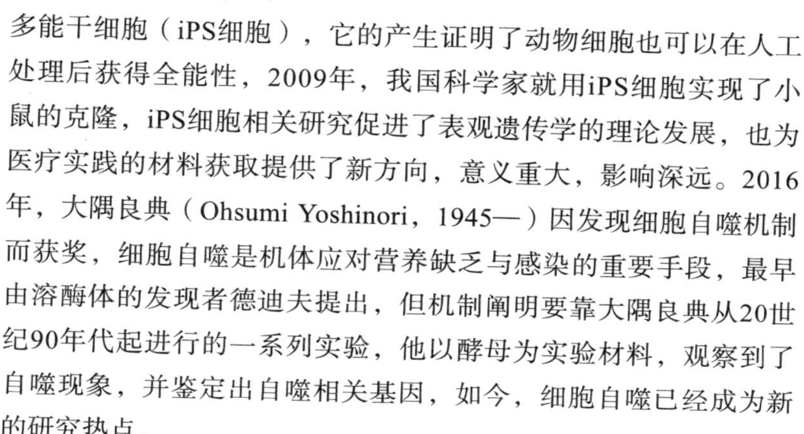

多能干细胞（iPS细胞），它的产生证明了动物细胞也可以在人工处理后获得全能性，2009年，我国科学家就用iPS细胞实现了小鼠的克隆，iPS细胞相关研究促进了表观遗传学的理论发展，也为医疗实践的材料获取提供了新方向，意义重大，影响深远。2016年，大隅良典（Ohsumi Yoshinori，1945—）因发现细胞自噬机制而获奖，细胞自噬是机体应对营养缺乏与感染的重要手段，最早由溶酶体的发现者德迪夫提出，但机制阐明要靠大隅良典从20世纪90年代起进行的一系列实验，他以酵母为实验材料，观察到了自噬现象，并鉴定出自噬相关基因，如今，细胞自噬已经成为新的研究热点。

新的认识也促进了生物技术与工程的发展，细胞工程包括植物细胞工程与动物细胞工程，其原理主要与细胞全能性有关。植物细胞工程方面：斯图尔德（Frederick Campion Steward，1904—1993）于1958年创立植物组织培养技术，成为植物细胞工程的重要基本技术。原生质体的获得与原生质体的融合则是植物细胞工程的另一关键技术，有利于种间杂交植株的获得。动物细胞工程方面：除戈登外，我国科学家童第周（1902—1979）进行的鱼类体细胞核移植研究，也在当时处于世界前列水平；1996年，首只克隆哺乳动物“多莉”在英国诞生；2017年，我国科学家首次实现灵长类动物的克隆。试管动物自20世纪50年代起相继诞生，并最终实现人类的体外受精，“试管婴儿之父”爱德华兹（Robert Geoffrey Edwards，1925—2013）于2010年获诺贝尔生理学或医学奖。iPS细胞相关研究正在如火如荼地开展，新的制备方法与细胞来源被发现，科学家们还在尝试用它治疗各种疾病。此外，细胞融合技术催生出了单克隆抗体技术，科勒（Georges Jean Franz Köhler，1946—1995）与米尔斯坦（César Milstein，1927—2002）因开发出单克隆抗体技术而获1984年的诺贝尔生理学或医学奖。

自细胞学说建立以来，细胞生物学经历了几个发展阶段，从传统的细胞学本身的研究，到与遗传学相结合的细胞遗传学，再到与更多学科的结合，直至20世纪50年代与分子生物学结合至今，细胞生物学一直在成长，一方面作为各门学科的基础，一方面吸收各门学科的养分。著名生物学家威尔逊（Edmund Beecher Wilson，1856—1939）曾称“所有生物学问题都必须要到细胞中去寻找答案”，这一论断如今依然成立。在可以预见的未来，研究有机体基本单位的细胞生物学将继续蓬勃发展，人们对生命的认识将继续加深。

# 第八章　生理学

按照迈尔的观点，生理学属于探索近期原因的学科，关心的是“什么”和“怎样”的问题[8]。它源于医学传统，历史悠久，并且一直是关注热点，这点从我们所说的诺贝尔生物学奖实际上名为“诺贝尔生理学或医学奖”就可以看出。在当代，不论是传统研究的重点人体和动物生理学，还是起步相对较晚的植物生理学，都依然是科研重点，并与其他学科有着良好的互动。

## 8.1 经典生理学

经典生理学可以说是自哈维开始的，他的研究我们已经在第三章描述过，不再赘述。

哈维同时期的桑克托留斯（Santorio Sanctorius，1561—1636）是帕多瓦大学的教授，他是伽利略的朋友，这也许解释了他为何对定量测定如此情有独钟。桑克托留斯制作了一个巨大的天平，三十年间他大部分时间坐在这个称量椅上，仔细地称量自身的重量、摄入的食物和饮料以及排泄物的重量，想要探究“无法察觉的出汗”。这一研究需要极大的毅力，因为其枯燥是可想而知的。很可惜，桑克托留斯并未得出什么开创性的见解，只是指出了“健康的维持有赖于摄取和排泄两方面保持适当的平衡”[11]。他发现了“无法察觉的出汗”占据了一天排泄量的一半以上，但并未就此做出什么理论上的解释。不过，桑克托留斯发明了体温计、发明或推广了脉搏计，为后世医学发展做出了贡献。

### 8.1.1 17世纪

17世纪，生理学有了很大发展，当时产生了三个新学派，从不同角度对希波克拉底与盖伦的传统发起冲击：

（1）医学机械学派

医学机械学派可以追溯到哈维与笛卡尔，特别是笛卡尔。

笛卡尔认为心脏是一部热机，血液在心脏内被加热蒸发，进入肺部后由于空气的冷却作用而液化，然后“一滴一滴地注入心脏的左腔中”[7]。当时温度计已经出现，完全可以进行动物实验，估测心脏与其他器官的温度，并证明上述理论的错误，但是笛卡尔没有做这样的实验。这很好地体现了他的科学研究方法的特点，因为他使用的是纯粹的演绎法，那些“不证自明”的公理和它们的逻辑推论根本不需要什么实验验证。笛卡尔认为松果体是唯一特殊的器官，它是非物质的灵魂与有机体机器之间相互作用的场所，理由是它位于脑的底部并且不是成对的，而且它只存在于人体而不存在于动物体中——可惜这一点是错误的。笛卡尔认为神经中也流淌着液体，并且与血管类似，神经管也存在着瓣膜，但这同样也是他的推测，而不是事实。总之，笛卡尔的生理

学观点基本都是错误的，但是他开创了用物理的机械运动理解生命体运动的传统，将有机界与无机界统一到了一起。笛卡尔的机械论影响了好几代科学家，特别是生理学家。

博雷利（Giovanni Alfonso Borelli，1608—1679）是医学机械学派的代表人物，与笛卡尔主要是从哲学上进行思辨不同，博雷利是真正从科学角度用物理学视角解释生命现象的奠基人。博雷利的代表作是《动物运动论》，该书在他去世后出版，其中绝大部分内容是用数学和机械的原理来研究肌肉的运动。博雷利将动物的运动分为外部运动和内部运动，前者如骨骼肌带动的运动，后者如心脏的运动[7]。博雷利对心脏的温度进行了测量，推翻了笛卡尔心脏是一台热机的想法，他认为心脏是一台肌肉泵。博雷利发现咀嚼肌能承受的压力很大，认为胃部肌肉也有同样的功能，将空心的玻璃球、中空的铅块和很多其他东西导入火鸡的胃里，转天发现这些物体粉碎了，于是他认为胃内的消化是一个物理过程。不过博雷利也承认化学反应在消化过程中有作用，而其他一些持机械论观点的学者则不承认消化液起任何重要的生理作用。博雷利认为肌肉收缩过程中起重要作用的是肌纤维，而不像古老的希波克拉底学派认为的那样是肌腱纤维起作用。他还认为肌肉收缩过程体积增大，该结论后来被推翻。

斯坦诺（Nicolaus Steno，1638—1686）、施旺麦丹和格利森（Francis Glisson，1597—1677）及其他很多生理学家都推翻了博雷利的观点，证明了肌肉在收缩的时候体积并未增加[7]。斯坦诺也和博雷利一样证明了肌纤维而不是肌腱纤维在肌肉收缩过程中起作用。而格利森对生理学还有另外的影响，他发现胆在受刺激时可以释放更多的胆汁，并认为这是由于胆具有“兴奋性”。兴奋性理论在生理学上影响很大，主要是由于哈勒的工作[7]。

机械论观点可以解释部分生理现象，但对于更多现象很难解释，比如胚胎发育和世代间的遗传，甚至同属生理学问题的消化，也很难用机械论观点解释。单纯使用机械论观点，难免存在局限性。

（2）医学化学学派

化学在生理学中的应用是另一个传统的延续，可以追溯到文艺复兴时期的炼金术士帕拉塞尔苏斯（Paracelsus，1493—1541）。他将医学与炼金术结合在一起，用今天的视角看，这就是在医学中引入了化学。他抛弃了当时流行的源自古希腊的四元素说，而是将硫、汞、盐作为“三基”，认为疾病是这三种元素失衡造成的。可以看出，当时的“硫、汞、盐”与今天含义并不完全相同，不过这也是对传统医学的一种革命。据说他擅长使用矿物药物通过以毒攻毒来治病，应用水银制剂治疗梅毒，效果颇好。他认为“无毒不是药，无药不是毒，关键是剂量”[27]，从他开始，西药的精炼与注重剂量的传统得以创立[27]。帕拉塞尔苏斯对生理学并没有什么直接的创造性贡献，但是他指出了一条将化学应用于生理学的新路，所以人们往往将他视为医学化学学派的奠基人[2]。

赫尔蒙特也是力主生命是化学过程的代表人物。他著名的柳树实验被视为植物生理学的开端，而对人体生理，他最大的贡献在于对酵素和消化过程的论述。不过，他所谓的消化除了现代意义上的以外，还包括心脏与脑中的活动，而且他对血液与心脏的关系的认识是错误的，毕竟1628年哈维的《心血运动论》才刚刚发表，而新的理论被接受需要一段时间。但是，赫尔蒙特所谓的酵素与现代的酶非常接近，他对消化的理解也比后来的博雷利更接近现代理论。

西尔维斯（Franciscus Sylvius，1614—1672）是医学化学学派的代表人物，他提出生命体与非生命体所发生的化学过程是一样

的，所以在实验室中可以再现生命体的化学活动。他把消化过程理解为唾液、胆汁及胰腺和胃所分泌液体参与的发酵过程[7]，并认为疾病是酸碱不平衡造成的[2]。西尔维斯与医学机械学派的代表人物博雷利是同时期的人，但两人的研究纲领完全不同，不过在研究消化过程的问题上，化学解释明显具有优势。

（3）活力论学派

并不是所有人都同意用物理与化学知识来解释生命与疾病的，其代表人物是斯塔尔（George Ernst Stahl，1660—1734）。斯塔尔在科学史上颇为有名，因为他是燃素说的创始人，这一理论后来被拉瓦锡推翻，但曾经是化学学科的统治性理论。在生物学方面，斯塔尔认为生命体具有"活力"（anima），生理现象所服从的法则与非生命界所服从的法则并不相同[7]。

17世纪的医学机械学派和医学化学学派都可以看作还原论的代表，即认为将复杂事物分解后分别研究就可以得到它的本质，将生命现象完全等同于物理或化学过程。而活力论学派则一定程度上可以看作整体论的代表，反对简单化的理解与解释。在生物学史上，整体论很长时间内都与活力论密切结合，认为生命现象依赖非物质的"活力"，直至20世纪才力图与活力论分离[8]。

### 8.1.2 18世纪

18世纪生理学继续发展，开创了新的研究领域——生物电学。同时，物理方法与化学方法继续应用于生理学研究，并随着物理学与化学的发展而焕发出新的生命力。

（1）物理方法

拉美特利（Julien de La Mettrie，1709—1751）比笛卡尔的机械思想更彻底，这从他的代表作《人是机器》的书名就可以看出了。他认为人与动物一样，一切活动都是物质的机械过程，不过他不同意笛卡尔将动物视为单纯的简单机器的观点，认为动物也存在感觉。从这一点看，似乎拉美特利的观点并非那么“机械”，但实际上，他是将人的精神活动也划归为了物理化学过程，因为他发现吗啡和酒精等物质既能影响人的机体也能影响人的精神[7]。

哈勒是公认的18世纪第一流的生物学家，被称为“近代生理学之父”[7]。他的代表作是《生理学基础》，这部八卷本的巨著覆盖领域很广，后来马根迪（François Magendie，1783—1855）抱怨说每当他以为自己做了一个开创性的新实验时，总是发现哈勒已经构想过或描述过该实验了。哈勒最大的贡献在于对兴奋的研究，他将格利森的“兴奋性”狭义化了，用它来表述肌肉受刺激时能产生收缩的特性。他认为神经具有“敏感性”，可以感受刺激，而肌肉具有“兴奋性”，可以在受到刺激后发生运动，并且神经能引起肌肉的收缩。哈勒的研究方法影响了生理学家们，肌肉活动与神经的关系在后来得到了深入的研究。

在18世纪，上述领域最著名的实验是伽伐尼所做出的。1780年的某天，伽伐尼为了给妻子做汤，分解了青蛙的蛙腿。当时，电正是科学界的研究热点，他的实验室中也有起电机，而神经裸露在外的蛙腿正好在起电机附近。当助手准备进一步解剖时，刀尖刚碰到蛙腿的神经就出现了一团耀眼的火花，紧接着，蛙腿肌肉猛烈收缩。伽伐尼对这一现象很感兴趣，并进行了进一步探索。他发现，当在院子里用铜钩将蛙腿挂在铁栅栏上时，蛙腿会发生收缩，雷雨天更甚，所以他以为这是由于“大气电”的作用。但是进一步在室内进行实验时，也有类似的结果——将蛙腿放在铁板上，用铜丝接触，肌肉发生收缩。他又用两种不同金属构成的金属弧分别接触蛙神经与肌肉，结果肌肉收缩。自此，伽

伐尼认为生物存在生物电，他在1792年发表《关于肌肉活动的电源》，描述了他的实验结果和结论。

物理学家伏打是伽伐尼的朋友，但是他不同意生物电的解释。他用同种金属制成的金属弧接触蛙神经与肌肉，肌肉并未收缩，所以他猜测肌肉的收缩是由于不同金属间产生了电流，而肌肉相当于验电器。他将两种不同金属的圆片交替叠放，中间放置用盐水浸泡过的纸片，发现在没有神经与肌肉存在的情况下，不同金属的接触可以产生电。这就是世界上第一个电池——伏打电池，这一发明对电学影响重大。不过他错误地认为金属间的机械接触是产生电流的原因，后来才被纠正。

在被伏打反对后，伽伐尼进一步进行了研究。这次他干脆不使用金属了，做了“无金属收缩实验”。他将肌肉剪开，将神经直接搭在肌肉的破损面上，结果肌肉发生了收缩，这令人信服地证明了生物电的存在。

上述过程就是著名的“蛙腿论战”，网上有些文章或教案会站在生物学或物理学的角度，宣称伽伐尼或伏打是论战的胜利者，但这其实没有必要，因为两位科学家都做出了重要贡献。通过“蛙腿论战”，伏打发明了伏打电池，静电研究自此开始转向动电研究，并开创了人类的电气时代；而伽伐尼发现了生物电，开创了神经-肌肉电传导研究，对生理学和医学都有很大影响，现在大家可以去做心电图检查，追根溯源就是得益于生物电的发现。这场争论促使两位学者都拿出了极具说服力的研究成果，对后世造成了深远影响。我们可以看到，科学研究中的争论往往能起到推动科学发展的作用。

（2）化学方法

消化过程是生理学中十分适合用化学方法研究的领域，在18世纪取得了一定进步。斯帕兰扎尼进行了巧妙的实验，让鹰吞下装有肉块的小金属笼，发现笼子未被破坏，而肉块被消化。为了确定在动物身上观察到的结果是否适用于人体，他还曾勇敢地将装有不同食物的一些管子和袋子吞进胃中以观察结果[7]。1777年，史蒂文斯（Edward Stevens，1754—1834）也独立地发表了一篇论文，他的实验者是一位靠吞下与反刍石子取悦市民为生的人[7]。史蒂文斯准备了些装有不同食物的打孔的小银球，结果与斯帕兰扎尼的研究一致，银球完好无损，但里面的食物消失了。

斯帕兰扎尼和史蒂文斯的实验有力地证明了消化是化学过程，不过对人体消化更深刻的认识是由美国的博蒙特（William Beaumont，1785—1853）于19世纪作出的。博蒙特有一位病人，在枪伤后留下了一个天然的胃部瘘管，博蒙特借此进行了研究。在1833年出版的《胃液的观察与试验及其消化生理》中，博蒙特描述了胃酸的分泌规律和不同食物在胃内的消化情况，以及各种物质对胃的影响，等等。

回到18世纪，这个世纪里化学有了很大发展，许多种气体被发现了，包括$O_2$和$CO_2$，而燃素说也被拉瓦锡所推翻。生理学方面，拉瓦锡关于呼吸作用的研究是最重要的，他在1777年指出，动物的呼吸过程是一个缓慢的燃烧（氧化）过程[7]，需要$O_2$，释放$CO_2$。他还和拉普拉斯（Pierre Simon Laplace，1749—1827）共同设计了一个热量计，测量白鼠呼吸和木炭燃烧分别产生一定$CO_2$时融化的冰的量，并进行比较，结果二者相匹配，这就证明了呼吸过程确实与燃烧过程相似。从某种角度来看，拉瓦锡可以被视作生物化学领域的先驱，可惜这位现代化学之父于1794年丧生于法国大革命，没有机会做出更多的科学贡献。

## 8.2 现代生理学

到了19世纪后期，生理学已经成为与解剖学相区别的成熟学科了，实验成为生理学研究不可或缺的重要手段，化学与物理学的理论则共同成为研究的基础。

### 8.2.1 稳态理论的建立

贝尔纳是实验生理学的奠基人，他提出的内环境概念是现代生理学的基础之一。贝尔纳出身贫寒，不过有幸在教区神父那里接受过一些基础教育，他早年写过戏剧，来到巴黎后被建议学医。在巴黎，贝尔纳成为马根迪的学生，后者激发了他对实验生理学的兴趣。1873年，贝尔纳去世，法国举行了国葬，这是第一位有此荣誉的科学家。

贝尔纳的重要发现很多，他认为自己最重要的发现是验证了肝脏中的糖原合成作用。当时公认的观点是动物血液中的糖直接来源于食物，动物自身不能合成多糖，而贝尔纳发现葡萄糖与糖原在动物体中可以互相转化[7]，推翻了传统观点，这是关于代谢的革命性观点，确实意义重大。多年后，科里夫妇（卡尔·科里，Carl Ferdinand Cori，1896—1984，格蒂·科里，Gerty Theresa Cori，1896—1957，第1位诺贝尔生理学或医学奖女性得主）于1947年因糖原催化转化的研究而获诺贝尔生理学或医学奖。时至今日，糖代谢依然是生物化学领域的重要研究主题。

但在今天看来，贝尔纳的贡献还不止于此。比起某个具体的研究结果，更重要的是，贝尔纳提出了内环境的概念，这一概念至今指导着生理学工作。当时的大环境普遍忽视施旺的细胞代谢理论，但贝尔纳却受到了这一理论的启发，他认为该理论强调细胞所处营养基的部分很有意义，可以应用于研究细胞与其直接接触的环境的关系。贝尔纳认为动物具有两个环境，一个是机体所处的外部环境，另一个是细胞发挥功能的内环境，即细胞外液，他指出“内环境的恒定是自由和独立的生命赖以维持的条件”[7]。

亨德森（Lawrence Joseph Henderson，1878—1942）对体液平衡进行了研究[2]，发现体液是非常复杂的缓冲体系，他将贝尔纳的内环境理论与自己的研究结合起来，强调机体具有自我调节的功能。亨德森认为，对机体这个生命系统的任何部分进行孤立的研究都不能揭示生命现象的机理，物理-化学方法非常重要，但单纯使用它们会导致结论过于简化，他强调应该研究生命现象的整合作用和协调作用。

坎农（Walter Bradford Cannon，1871—1945）是亨德森的同事，他是稳态理论的创始人。坎农与中国颇有渊源，曾做过协和医学院的访问教授[28]，并曾在援华抗日医药机构中工作。1932年，坎农在《身体的智慧》一书中阐述了内环境的稳态理论，认为机体通过内部调节达到平衡，这种平衡是一种动态平衡。和亨德森一样，坎农也将生物体视为整体，机体的每一部分都有自己的功能，但同时它们在机体的控制下，是一个相互联系的整体，这与细胞学说中细胞的双重生命说有相似之处，同时回到了那句箴言：整体大于部分之和。

亨德森和坎农的思想代表了20世纪生理学家中最有影响的指导理论，即生命系统的活动符合物理-化学规律，但是又不能简单地等同于无机物的物理-化学过程，而要重视整体的作用，既反对活力论，也摆脱了还原论的局限[2]。我们需要注意的是，生命现象符合物理-化学规律不等于生物与非生物完全一致，研究清楚部分的功能也不等于整体现象就迎刃而解了。各个水平的研究都很重要，都有助于对生命世界认识的加深，但无法彼此取代，需要相

互配合。中学教学中要强调普遍联系的观点，要强调整体大于部分之和的观点。

稳态的概念影响很大，它不仅是生理学研究的指导原则，同时也引起了生物化学家、生态学家、数学家、工程师和社会学家的重视，其含义大大扩展，在现代系统科学中的控制论和系统论中都具有重要地位[7]，在生物学内部更是为核心概念之一，所有层次的生命系统均存在着稳态。

内环境稳态理论的提出标志着现代生理学的建立，同时也是生理学进一步发展的基础。对稳态调节机制的认识也经历了发展，从神经调节为主，到神经-体液共同调节，再到当前的神经-体液-免疫共同调节，反映了人们对生命系统认识的不断加深。下文简要介绍神经生理学和内分泌生理学的发展，免疫学的相关内容将在第九章进行介绍。

### 8.2.2 神经生理学的发展

神经系统一直是人们关注的重点，这方面最早的重要发现是19世纪作出的。贝尔（Charles Bell，1774—1842）发现脊神经的背侧支功能是感觉而腹侧支功能是运动，两者截然不同，马根迪进一步阐明了他的发现，这一规律被称为贝尔-马根迪定律[2]。弥勒通过实验验证了该定律，还影响了学生从事神经电生理学的研究。弥勒的学生杜布瓦-雷蒙（Emil Heinrich du Bois-Reymond，1818—1896）发现动作电位，并测到了肌肉的损伤电流，伽伐尼当年的无金属收缩实验就此得到了圆满解释。而弥勒的另一位学生赫尔姆霍茨发现动作电位是神经冲动的表现，并开创了对神经传导速度的测量[2]。不过此时的动作电位都是通过膜外电位变化测定的，关注点是兴奋部位和未兴奋部位间的差异。

神经调节方面的第一个诺贝尔奖颁给了巴甫洛夫。谈到巴甫洛夫，人们的第一反应都是“条件反射”，而实际上使他获得1904年诺贝尔生理学或医学奖的是关于神经系统在消化液分泌过程中作用的研究。该实验设计颇为巧妙：将狗的食管切开，于是食物在被吞下后并未进入胃中，但通过胃瘘却发现胃液仍然分泌，而将分布到胃的迷走神经切断后，胃液不再分泌，这就证明了胃液分泌受到神经刺激[2]。当然，使巴甫洛夫更为大众所熟知的确实是有关条件反射的研究，这不仅是神经生理学的重要发展，也对普通心理学和教育心理学理论都产生了重要影响。虽然巴甫洛夫始终自认为是生理学家而非心理学家，后人还是将他视为对心理学影响最大的圈外人之一。

1906年的诺贝尔生理学或医学奖颁给了意大利的高尔基和西班牙的卡哈尔（Santiago Ramón y Cajal，1852—1934），以表彰他们在神经系统结构方面的贡献，另外，高尔基还是高尔基体的发现者。实际上，二人代表的是当年存在争论的两种学说。高尔基持有的观点是神经的“网状学说”，这种学说认为神经与血管类似，相互连通，构成复杂网络。卡哈尔持有的观点是“神经元学说”，这种学说认为神经元彼此之间是独立的，树突和轴突自胞体伸出，神经元之间并未紧密相连。很有意思的一点是，正是高尔基发明的重铬酸银染色法帮助了卡哈尔观察神经元这种形状特殊的细胞。最终，神经元学说在论战中取得了胜利。

英国的谢灵顿（Charles Scott Sherrington，1857—1952）对神经生理学贡献很大[2]，代表作是1906年出版的《神经系统的整合作用》。他命名了突触，阐明了它的功能，完善了神经元理论，即神经元之间通过突触实现信号传递，后来电子显微镜下的观察和对神经递质的研究证实了突触的作用。不过，谢灵顿认为突触间是通过电兴奋来传递信息的，后来的研究则说明化学性突触才是最为常见的。谢灵顿还指出了中枢神经系统的整合功能，即，

对诸多传入信号进行整合后形成一个有意义的输出。他还强调兴奋与抑制要互相配合才能完成一个运动，这点在当时很超前。谢灵顿由于“关于神经功能方面的发现”而获得了1932年诺贝尔生理学或医学奖。与他分享这一奖项的是阿德里安（Edgar Adrian，1889—1977），他开发了测量神经系统电信号的方法，并发现了“全或无现象”。

神经系统中电信号的机理研究一直是神经生理学的热点，也产生了一系列诺奖级成果。1944年，厄兰格（Joseph Erlanger，1874—1965）与伽赛尔（Herbert Spencer Gasser，1888—1963）获诺贝尔生理学或医学奖，他们发现神经纤维根据粗细不同分为两种，较粗的神经纤维电信号传导速度更快，用今天的术语来说，就是有髓神经纤维比无髓神经纤维的兴奋传导速度快。1963年，霍奇金（Alan Lloyd Hodgkin，1914—1998）与安德鲁·赫胥黎（Andrew Fielding Huxley，1917—2012）获诺贝尔生理学或医学奖，他们发展了电压钳技术，利用枪乌贼的巨大神经纤维测定膜电位变化。当时流行的理论是细胞膜在静息状态时$K^+$通透性强，而在受到刺激时对所有离子都增强通透性，按照这种理论，动作电位产生时，膜内外电位差应为0，但霍奇金和赫胥黎测定结果与这种预期不符。经过一系列实验，如提高培养液中$Na^+$浓度后测量动作电位变化等，他们最终揭示了动作电位的产生机制——由$Na^+$内流引起。1991年，内尔（Erwin Neher，1944—）与萨克曼（Bert Sakmann，1942—）获诺贝尔生理学或医学奖，他们在电压钳技术的基础上，开发出膜片钳技术，证明了单个离子通道的存在。

除了电信号，我们今天知道化学信号在神经调节中也起着不可或缺的作用。不过在20世纪初，人们对神经系统电信号已经颇为熟悉，但还不知道化学物质是否也可以在神经系统传递信息方面发挥作用。戴尔（Henry Hallett Dale，1875—1968）和勒维

（Otto Loewi 1873—1961）进行了这方面的开创性研究，并分享了1936年的诺贝尔生理学或医学奖。戴尔发现乙酰胆碱是神经系统中的重要信使物质，是化学性突触说的代表人物。而勒维的实验设计很巧妙，他将两颗蛙心分别置于成分一致的营养液中，一颗连接着迷走神经，另一颗则不连接任何神经。电刺激迷走神经后，第一颗蛙心跳动减慢，取出一些营养液，施加给第二颗蛙心，结果第二颗蛙心跳动也减慢了。这个实验说明了神经-心肌间确实存在着化学信息。埃克尔斯（John Carew Eccles，1903—1997）作为谢林顿的学生，曾经是“神经元之间靠电信号实现交流”学说的忠实拥护者，但他通过一系列实验，测量突触位置的膜电位变化，发现存在抑制性突触，而这很难用电信号理论解释。在与波普尔交流后，埃克尔斯认识到证伪一个理论也是很重要的科学成就，最终倒戈向化学突触学说。这是一个非常好的科学依赖于实证的例子，埃克尔斯尊重事实的科学精神值得我们尊敬，他与霍奇金和赫胥黎分享了1963年的奖项。1970年，卡茨（Bernard Katz，1911—2003）、欧拉（Ulf von Euler，1905—1983）和阿克塞尔罗德（Julius Axelrod，1912—2004）因对神经递质的储存、释放和失活机制的研究而获诺贝尔生理学或医学奖。卡茨进一步研究了乙酰胆碱的释放，欧拉发现了另一种神经递质——去甲肾上腺素，并发现它储存于囊泡中，他还发现了前列腺素，阿克塞尔罗德则发现了去甲肾上腺素的再摄取机制。另外，卡茨和欧拉都曾师从其他诺奖得主，欧拉的父亲是1929年诺贝尔化学奖得主欧拉-歇尔平，我们可以从中看到科学共同体的力量。2000年的诺贝尔生理学或医学奖颁给了神经系统信号转导方面的发现，卡尔森（Arvid Carlsson，1923—2018）、格林加德（Paul Greengard，1925—2019）与坎德尔（Eric Richard Kandel，1929—）获奖，卡尔森发现了神经递质多巴胺，格林

加德发现某些神经递质会引起细胞表面受体蛋白磷酸化或去磷酸化，从而调节细胞功能，坎德尔则研究了形成短时记忆与长时记忆的不同信号。

人类是如何产生各种感觉的？这一直是生理学家们的兴趣点。进入20世纪后，相关研究有了长足发展。1961年，贝凯希（Georg von Békésy，1899—1972）由于内耳耳蜗传送声音机制的研究而获诺贝尔生理学或医学奖。1967年，格拉尼特（Ragnar Granit，1900—1991）、哈特兰（Haldan Keffer Hartline，1903—1983）和沃尔德（George Wald，1906—1997）因对视觉形成机理的研究而获诺贝尔生理学或医学奖，格拉尼特发现存在不同类型的视锥细胞，哈特兰分析了视觉细胞的信号如何在神经网络中进行处理，沃尔德发现维生素A是视紫红质的重要成分。1981年，休伯尔（David Hunter Hubel，1926—2013）与威泽尔（Torsten Nils Wiesel，1924—）分享了当年诺贝尔生理学或医学奖的一半奖金，他们对大脑皮层如何处理视觉信号进行了研究。痛觉也是人类的感觉之一，具有重要的适应意义，不过过于疼痛又会使人难以忍受。1982年的诺贝尔生理学或医学奖得主之一范恩（John Robert Vane，1927—2004）研究了阿司匹林镇痛抗炎的机理，而林可胜（1897—1969）关于阿司匹林镇痛作用发挥于外周而非中枢神经系统的实验被他视为该领域的经典研究。2004年的诺贝尔生理学或医学奖颁给了嗅觉相关研究，获奖者阿克塞尔和巴克发现了编码嗅觉神经元中气味受体蛋白的基因组群。2021年，温度与触觉感受器相关研究获诺贝尔生理学或医学奖，朱利叶斯（David Jay Julius，1955—）利用辣椒素发现了TRPV1热敏受体及其编码基因，朱利叶斯又与帕塔普蒂安（Ardem Patapoutian，1967—）各自独立利用薄荷醇识别出TRPM8冷觉受体，帕塔普蒂安还发现了机械压力型受体Piezo1和Piezo2及其编码基因，这种机械压力型离子通道拓展了人类对于离子通道的认识。

神经生理学的分支之一是脑科学，它是当前生物学最大的热点之一。1949年，诺贝尔生理学或医学奖颁给了两项与脑有关的工作，一是表彰赫斯（Walter Rudolf Hess，1881—1973）发现间脑对内脏的调节功能，一是表彰莫尼斯（António Egas Moniz，1874—1955）发现额叶白质切除术对某些精神疾病的治疗价值，前者标志着人类对脑功能认识的加深，而后者反映出当时对脑功能认识是何等不足，并最终成为诺贝尔奖的“黑历史”。1981年，诺贝尔生理学或医学奖再次颁给脑科学，除了前文提到的视觉相关研究，获奖的还有斯佩里（Roger Wolcott Sperry，1913—1994）关于两个大脑半球各自功能的研究，该研究影响深远，大脑半球的功能及其联系至今仍被科学家们所关注。2014年，奥基夫（John O'Keefe，1939—）、梅-布莱特·莫泽（May-Britt Moser，1963—，第11位生理学或医学奖女性得主）和爱德华·莫泽（Edvard Ingjald Moser，1962—）因发现构成大脑定位系统的细胞而获诺贝尔生理学或医学奖。脑科学是全世界共同关注的重点领域，我国已于2018年开始启动“中国脑计划”，期待未来能够在理论与应用方面都有新的成果。

### 8.2.3 内分泌生理学的发展

内分泌系统与神经系统共同作用，使机体保持内环境的稳态。内分泌的概念是贝尔纳提出的[7]，当时是指一些物质直接分泌到血液中，而不是分泌到体外，与外分泌相对应。1902年斯塔林（Ernest Henry Starling，1866—1927）和贝利斯（William Maddock Bayliss，1860—1924）发现了促胰液素（secretin），该词也可译为分泌素，从这个命名能够看出，一开始他们应该是想用该词指称所有类似的化学物质。1905年，他们根据同事的提

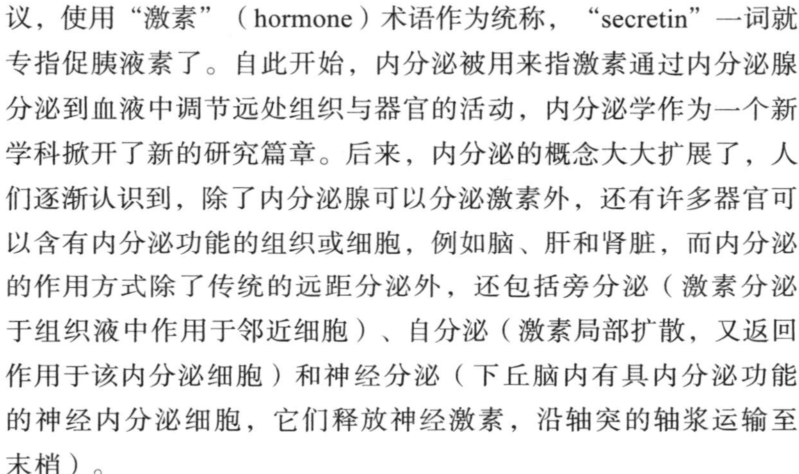

议，使用“激素”（hormone）术语作为统称，“secretin”一词就专指促胰液素了。自此开始，内分泌被用来指激素通过内分泌腺分泌到血液中调节远处组织与器官的活动，内分泌学作为一个新学科掀开了新的研究篇章。后来，内分泌的概念大大扩展了，人们逐渐认识到，除了内分泌腺可以分泌激素外，还有许多器官可以含有内分泌功能的组织或细胞，例如脑、肝和肾脏，而内分泌的作用方式除了传统的远距分泌外，还包括旁分泌（激素分泌于组织液中作用于邻近细胞）、自分泌（激素局部扩散，又返回作用于该内分泌细胞）和神经分泌（下丘脑内有具内分泌功能的神经内分泌细胞，它们释放神经激素，沿轴突的轴浆运输至末梢）。

内分泌生理学是生理学研究的热点，研究成果多次获得诺贝尔奖。在器官水平上，摘除与移植内分泌腺是常用的研究手段；而在生化水平上，就需要给动物饲喂或注射相应提取液或提纯的激素了；在分子机制水平上，则往往通过相应基因表达的调控来达到研究目的。此外，激素相关生物化学研究也一直是研究热点。下面简单列举内分泌生理学方面的诺贝尔奖成果。

1921年，班廷（Frederick Grant Banting，1891—1941）与助手贝斯特（Charles Herbert Best，1899—1978）在麦克劳德（John Macleod，1876—1935）的实验室内成功获得了胰岛素，而胰岛素的稳定提纯要归功于克里普（James Collip，1892—1965）的工作和麦克劳德的协调管理。1923年，班廷与麦克劳德获得了诺贝尔生理学或医学奖，从颁奖速度就可以看出该研究的重要性。为寻找这种激素，人们已经耗费了几十年，做过很多次实验，但每次制备胰腺提取物并注射给实验动物，都没有达到预想的效果。班廷猜测，胰岛素可能是一种蛋白质，在直接使用胰腺制备提取物时会被胰蛋白酶破坏。查阅资料后，班廷发现结扎胰管可以使胰腺萎缩，但不影响胰岛。于是他和贝斯特结扎了狗的胰管，得到只剩胰岛的胰腺，这次的提取物获得了理想的治疗糖尿病的效果。不过，后来发现完整的胰腺也是可以用于提取胰岛素的，因为胰腺内的胰蛋白酶原要在分泌到十二指肠后才会被激活，转化为胰蛋白酶[29]。所以，先前的学者未能取得理想效果是由于技术还不成熟，而且也不清楚该如何判定胰岛素的作用效果。整体而言，胰岛素的发现是团队工作的结果，班廷提供了初始的想法与坚持到底的决心，麦克劳德提供了严谨的学术态度与成熟的项目管理，克里普提供了化学提纯的方法，贝斯特提供了大量的实际工作。科学发展到近代，个人的单打独斗能够起到的作用越来越小，很多工作都依赖于团队写作。

1939年，布特南特（Adolf Friedrich Johann Butenandt，1903—1995）和卢奇卡（Leopold Ruzicka，1887—1976）获得诺贝尔化学奖，他们各自独立合成了睾酮，布特南特对雌激素也有开创性研究。1947年，何塞（Bernardo Alberto Houssay，1887—1971）由于发现垂体前叶激素在糖代谢中的作用而获诺贝尔生理学或医学奖。他发现，切除狗的垂体前叶后，它们对胰岛素变得非常敏感，说明垂体前叶会分泌能够拮抗胰岛素的激素。今天我们知道，垂体前叶会分泌生长素、促肾上腺激素和促肾上腺皮质激素，直接或间接拮抗胰岛素。1950年，肯德尔（Edward Calvin Kendall，1886—1972）、赖希施泰因（Tadeus Reichstein，1897—1996）和亨奇（Philip Showalter Hench 1896—1965）由于在肾上腺皮质激素、结构和生物学效应方面的发现而获诺贝尔生理学或医学奖，促进了肾上腺皮质激素的药用。1955年，杜维尼奥（Vincent du Vigneaud，1901—1978）因分离与人工合成催产素而获诺贝尔化学奖，他还分离与合成了抗利尿激素（加压素）。1958年，桑格（Frederick Sanger，1918—2013）因阐明

 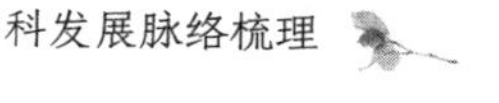

胰岛素结构而获诺贝尔化学奖[①]。1971年，萨瑟兰（Earl Wilbur Sutherland Jr，1915—1974）因对激素作用机制的研究而获诺贝尔生理学或医学奖，他发现了cAMP在肾上腺素信号传递中的作用，提出了第二信使学说。1977年，吉耶曼（Roger Charles Louis Guillemin，1924—）与沙利（Andrew V. Schally，原名Andrzej Wiktor Schally，1926—）因对下丘脑分泌激素的研究而获生理学或医学奖，他们阐明了促甲状腺激素释放激素和促性腺激素释放激素的结构；与他们分享奖项的是雅洛（Rosalyn Sussman Yalow，1921—2011，第2位诺贝尔生理学或医学奖女性得主），她与伯森（Solomon Berson，1918—1972）共同发明了放射免疫分析法，并借此加深了对2型糖尿病的认识。1982年，伯格斯特龙（Karl Sune Detlof Bergström，1916—2004）、萨米埃尔松（Bengt Ingemar Samuelsson，1934—）和范恩因前列腺素相关研究而获诺贝尔生理学或医学奖。前列腺素最早由欧拉发现，伯格斯特龙作为欧拉的同事，和学生萨米埃尔松对前列腺素进行了深入研究，发现它其实是混合物，并进行了分离与鉴定，研究了相关生化反应；而范恩发现了阿司匹林能抑制前列腺素合成，并发现了前列腺环素及其扩张血管、抗血小板凝集的作用。1988年诺贝尔生理学或医学奖得主之一布莱克（James Whyte Black，1924—2010）研发了阻断肾上腺素受体的药物，该药物可以对心脏起到镇静作用。2012年的诺贝尔化学奖也与激素调节有关，因为获奖者科比尔卡（Brian Kent Kobilka，1955—）与莱夫科维茨（Robert Joseph Lefkowitz，1943—）早期是在研究肾上腺素的受体，然后发现了G蛋白偶联受体，并因此而获奖。

内分泌生理学中，“促胰液素的发现”和“性激素与性别决

① 1965年，中国科学家实现了牛胰岛素的人工合成。

定关系”的相关研究虽未获得诺奖，但涉及巧妙的实验设计，很好地体现了科学家的研究思路，相关科学史是引导学生进行逻辑推理、发展科学思维的好材料。对于前者，我们还将借此深入分析假说-演绎法，帮助广大教师加深对这种常用科研方法的理解。

（1）促胰液素的发现

19世纪中叶，贝尔纳发现酸性食糜进入狗的小肠后，引起胰液分泌。当时并未将食物与胃酸拆分，确定究竟是什么引起了上述反应。19世纪末，巴甫洛夫实验室验证了上述实验结果，并发现：将稀盐酸注入小肠后会引起胰液分泌，而将食物注入小肠后并不会引起胰液分泌，说明贝尔纳的实验中起作用的是胃酸而不是食物本身。同时，他们还发现刺激相关神经会促进胰液分泌。其后，巴甫洛夫的学生将狗通向小肠的神经全部切除，发现稀盐酸注入切除神经的小肠后，依然可以引起胰液分泌，他将这一实验结果归因于还存在其他反射。在此背景下，沃泰默（Émile Wertheimer，1852—1924）进行了实验，包括①将稀盐酸注入狗的小肠肠腔内，②将稀盐酸注入狗的血液中，③切除神经后，将稀盐酸注入狗的小肠肠腔内，结果实验①③均促进了胰液分泌。沃泰默所做的实验②，实际上就是在探究胰腺分泌胰液是否受到化学物质的调节，只不过，他误以为稀盐酸就是这种化学物质[30]，所以在实验②没有得到阳性结果后，他就抛弃了化学调节的想法，而是认为在小肠和胰腺间存在着某个顽固的反射。斯塔林和贝利斯在阅读沃泰默的论文后，提出了新的假说，小肠黏膜在盐酸刺激下产生某种化学物质，这种化学物质可以促进胰腺分泌胰液。随后进行了他们著名的实验，将稀盐酸加入狗的离体小肠黏膜并磨碎，获得提取液，再将提取液注射到另一条狗的血液中，发现可以促进胰液分泌，由此开创了一个崭新的研究领域。

在人教版必修2教材中，对假说-演绎法中假说的提出有这样的

描述：“在观察和分析基础上提出问题以后，通过推理和想象提出解释问题的假说……”。可见，假说的提出不是无的放矢的，而是有明确的想要解释的现象。由于教材是在孟德尔的研究之后介绍假说-演绎法的，所以有些教师会存在较为僵化的认识，误以为假说的提出一定建立在科学家自身的前期实验基础之上。实际上，所谓的“在观察和分析基础上提出问题”，其根据往往是文献中其他人的研究结果，包括孟德尔，他也不是在没有任何假说的前提下就开始进行豌豆杂交实验的。那么，假说具体的提出逻辑是怎样的呢？这里使用的是一种名为溯因推理的逻辑分析方法。它的思路是：①已知有现象q；②已知若p成立，则会产生现象q；③提出假说p，用以解释现象q。我们可以看到，这里的逻辑是倒推的，并不一定成立，假说p只是一种用以解释现象的可能性，所以才需要进一步演绎推理、设计实验、验证假说。

从这个角度进行分析，在促胰液素的发现历程中，自从贝尔纳开启了胰腺分泌胰液的研究后，每项研究都根据前人研究结果提出了假说，并在该假说的前提下进行。巴甫洛夫实验室针对贝尔纳的实验结果，首先提出的假说是“胃酸进入小肠，引起胰腺分泌胰液”和“食物进入小肠，引起胰腺分泌胰液”，并通过实验肯定了前者；然后根据本实验室的前期研究成果，形成了“胰腺分泌胰液受神经调节”的假说，并在得到实验验证后强化为了“胰腺分泌胰液只受神经调节”。沃泰默针对巴甫洛夫实验室的研究结果，提出的假说是“胰腺分泌胰液受化学物质盐酸调节”，而实验后给出的“存在顽固反射”的结论实际上也是一种猜测，即，这是他通过实验给出的新假说，同时，我们可以看出他持有“胰腺分泌胰液只受神经调节”的观点。斯塔林和贝利斯则是在沃泰默的研究基础上提出的假说，他们认为虽然盐酸并不是控制胰腺分泌胰液的化学物质，但小肠可能在盐酸刺激下产生了别的化学物质，并参与调控胰液的分泌。通过这种方式分析假说来源，能帮助我们进一步厘清科学家们的研究思路，也能够更清楚地看到对某个科学问题的认识是怎样一步步加深的，这中间既有对前人的扬弃，也有对前人的继承。这种分析能够帮助学生认识到科学发展是继承性与批判性的统一体，加强对科学本质的理解。

在第三章中，已经谈到过从实验结果符合预期就说“证明假说成立”的说法是有问题的，下面我们借助斯塔林与贝利斯的实验来具体谈一谈为何存在问题。用今天的视角来看，关于胰腺分泌胰液受什么调节，实际上存在着三种假说，①只受神经调节，②只受体液调节，③既受神经调节也受体液调节。我们可以分析一下当这三种假说成立时，斯塔林和贝利斯的实验应该有什么样的结果。若①成立，提取液应该无法促进胰液分泌；若②成立，提取液应该可以促进胰液分泌；若③成立，结果同样应为提取液可以促进胰液分泌。实验结果是提取液促进了胰液分泌，支持②③假说，不支持①假说，所以可以认为这一实验证伪了“胰腺分泌胰液只受神经调节”的假说，但不能证明另外两个假说哪个才是正确的。这正是“证明假说成立”这种说法的问题所在，因为同一个结果q可能对应不同的假说p，从q为真是无法反推p是否为真的。所以我们在应用假说-演绎法时，要特别注意对语言的运用，除非存在几个互斥且能覆盖全部可能性的假说，否则尽量避免使用“证明了”“证实”这样的描述。另外，在带领学生学习斯塔林和贝利斯的实验时，我们应该设计一些问题，引导学生思考，类似于“这个实验是否说明除了神经调节还有别的调节方式？”“它可以证明胰腺分泌胰液不受神经调节么？”，从而帮助学生理解从“若p，则q”是不能推出“若q，则p”的，增强他们的逻辑思维，加强对证据的分析能力。

而当实验结果与预期不符时，人们往往不会马上就得出推翻假说的结论。以沃泰默的实验为例，我们可以看到他已经进行了实验③，发现去除神经的情况下，盐酸进入小肠依然能够促进胰液分泌。若依据我们今天的知识储备，可以很轻松地得出“推翻胰腺分泌胰液只受神经调节的假说”的结论，但在历史上，这种结论是很难直接得出的，因为所有人都会受到已有知识体系的束缚。沃泰默能够想到将盐酸注射到血液，来判断胰液的分泌是否还受到化学物质调节，已经是一种进步，而这个实验的结果又反过来强化了他的固有观念。另外，沃泰默“存在顽固反射”的假说，也并不是不能解释他的实验结果，就像我们先前提到的，一个实验结果可能对应多种解释，要判断哪种解释更合理，需要进行另外的实验。所以，站在沃泰默的立场上，他没有由于实验结果与假说不符就否定假说，而是给出补丁式的解决方案，是非常正常的一种处理方式。在科学史上，真正要推翻某个大家都很认同的假说，往往需要若干新的研究成果做铺垫。我们要引导学生辩证评价科学家的“错误”，理解科学发展的曲折性与复杂性。

（2）性激素与性别决定

在性激素被发现后，有学者提出了性激素导致性别决定的假说，即，胚胎生殖系统的分化由性激素控制，雌性生殖器官的形成需要雌激素的刺激，雄性生殖器官的形成需要雄激素的刺激。

1943年，摩尔（Carl Richard Moore，1892—1955）发表论文，他以出生后的负鼠（一种有袋类动物，出生时发育不全，需要在育儿袋内再发育较长时间才会完成性别分化）为实验对象，发现无论是阉割还是注射性激素，都不影响负鼠的生殖器官分化，虽然性激素的施加会对相应生殖系统的形成有所促进，但不能影响负鼠自身的遗传性别，据此质疑性激素导致性别决定的假说[31]。

1947年开始，乔斯特（Alfred Jost，1916—1991）进行了一系列研究，推动了该领域的发展[32]。他怀疑摩尔的实验开始时机存在问题，错过了性别早期分化的关键时期，所以用家兔胚胎进行实验，通过手术摘除了原始性腺，并记录出生后的幼兔的染色体组成与外生殖器发育情况。结果发现，XY染色体的家兔在手术后发育为雌性表型，与染色体组成不符，而XX染色体的家兔在手术后发育为雌性表型，与染色体组成一致。这一结果支持“雄性生殖器官的形成需要雄激素的刺激”，却不支持“雌性生殖器官的形成需要雌激素的刺激”。进一步实验，发现无论染色体组成是XX还是XY，对进行原始性腺摘除手术的家兔胚胎给予睾酮刺激，都会导致胚胎发育为雄性表型，这进一步支持了“雄性生殖器官的形成需要雄激素的刺激”的假说。乔斯特还发现，XX染色体组成的家兔的性别决定不受手术时间影响，而XY染色体组成的家兔则有不同的表现，若手术时间较早，它们会发育为雌性表型，若手术时间较晚，胚胎会发育为雄性表型，应该是由于雄激素已经发挥了作用，这同样支持“雄性生殖器官的形成需要雄激素的刺激”，而不支持“雌性生殖器官的形成需要雌激素的刺激”。

乔斯特的研究揭开了现代性别决定认识的序幕，今天人们已经知道：胚胎发育早期存在中肾管与中肾旁管，在雄激素刺激下，中肾管发育，中肾旁管退化，胚胎发育为雄性表型；而在缺乏雄激素刺激时，中肾管退化，中肾旁管发育，胚胎发育为雌性表型，这一过程与雌激素是否存在无关，而且雌性性腺在胚胎发育阶段很少产生雌激素；Y染色体上的SRY基因是雄性的性别决定基因，它的存在会使雄性性腺发育，并分泌雄激素。

## 8.3 植物生理学

前文所谈到的生理学基本是指人体生理学，也涉及与人较为相似的动物的生理学。而对于植物来讲，虽然动植物在很多方面都具有一致性，但植物也有其特殊之处，比如可以利用光能自己合成有机物，由于无法像动物一样通过迁移实现趋利避害，所以发展出适应不利环境的耐性与抗性，等。所以植物生理学有很多自己的特别之处，在理论与实践上都有重要意义，其包含的内容很多，在这里主要介绍光合作用研究历程。

### 8.3.1 光合作用

亚里士多德曾认为，土壤是植物生长的唯一原料。17世纪上半叶，赫尔蒙特进行了著名的柳树实验，他将一棵5磅重的小柳树种在瓦盆中，除了浇水外不加任何东西，5年之后，柳树重量变为169磅，而土壤的重量几乎没有减少，这就推翻了亚里士多德的说法，转而指向了水为植物生长提供了所需物质。赫尔蒙特本人自称“火术哲学家”，也就是炼金术士，所以其研究思路与今天的科学研究是不同的。他的柳树实验的研究初衷是要证明万物源于水，回到了古老的古希腊第一位哲学家的观点，柳树实验就“证明”了木元素源于水。他还曾经根据试管中的水干掉后留下了污垢，宣称土元素源于水。不过，赫尔蒙特开创了定量研究植物生理变化的先河，虽然他的理论忽略了空气，也忽略了土壤中的必需营养元素，但我们依然可以认为，柳树实验这一研究开创了植物生理学研究领域。

1771年，普利斯特利做了一个实验：把一支点燃的蜡烛和一只小白鼠分别放到密闭的玻璃罩里，结果蜡烛不久就熄灭了，小白鼠很快也死了；把一盆植物和一支点燃的蜡烛一同放到密闭的玻璃罩里，结果植物能够长时间地活着，蜡烛也没有熄灭；把一盆植物和一只小白鼠一同放到密闭的玻璃罩里，结果植物和小白鼠都能够长时间地活着。于是普利斯特利指出，植物能够使被蜡烛燃烧或动物呼吸污染了的空气更新。普利斯特利是$O_2$最早的发现者之一，但他囿于燃素说理论，将$O_2$视为“去燃素空气”，未能对其有更深刻的认识。

1779年，英根豪斯（Jan Ingenhousz，1730—1799）发现植物只有绿色部分在阳光照射下才能改变空气成分，对普利斯特利的研究进行了补充，强调了光照的重要性和“绿色部分”。进一步研究后，他发现植物有两种不同的呼吸，一种和动物一样，一种相反，吸入“固定的气体”（$CO_2$），呼出“去燃素空气”（$O_2$）[7]，虽然使用的术语还是燃素论系统，但可以视为英根豪斯发现了光合作用。

1804年，索叙尔（Nicholas de Saussure，1767—1845）通过精细的定量研究，确定了植物所含的碳来自大气中的$CO_2$，他还发现植物增重大于吸收的$CO_2$和放出的$O_2$之差，推测$CO_2$和水是光合作用的原料。

1864年，萨克斯（Julius von Sachs，1832—1897）将天竺葵置于暗处几小时，然后取一片生长旺盛的叶片，一半遮光，一半曝光，一段时间后用碘蒸汽处理叶片。结果发现，遮光部分没有颜色变化，曝光部分叶片呈深蓝色，说明植物通过光合作用产生了淀粉。

1881年，恩格尔曼（Theodor Engelmann，1843—1909）以具有易观察的螺旋状叶绿体的水绵和需氧细菌为实验材料，将它们一起制作成临时装片，放在不含空气的小室内。当该装置暴露于光下时，需氧细菌分布在水绵叶绿体上；当在黑暗中用极细的光

束照射装片时，好氧细菌则聚集于叶绿体被光照射到的部位。由此可以推测，植物进行光合作用的场所是叶绿体。同时，实验再次验证，氧气的释放这一反应在光下才能完成。后来，恩格尔曼又进行了一个实验，将一束水绵置于载破片上，并滴加含需氧细菌的液体，利用棱镜，使临时装片上的光束分为不同颜色，结果发现，细菌主要聚集于红光和蓝紫光区域。这个实验说明光的波长影响光合作用，红光与蓝紫光是光合作用的有效光源。

1904年，布拉克曼（Frederick Frost Blackman，1866—1947）发现温度对光合作用的影响与光照强度有关，当光照强度高时，光合速率在一定范围内虽温度升高而升高，当光照强度低时，光合速率与温度无关。他由此推测，光合作用中有两个步骤，其限制因子不同，一个是光，一个是$CO_2$，推测存在光反应与暗反应[2]（后改称为碳反应）。

1915年，威尔斯塔特（Richard Martin Willstätter，1872—1942）因对叶绿素的研究而获诺贝尔化学奖。他发现天然叶绿素实际上是两种不同类型叶绿素的混合物，并进行了提纯。同时，他还认识到镁是叶绿素的重要组成元素，阐明了叶绿素的化学结构。

20世纪20年代，瓦尔堡用小球藻为材料，进行闪光试验，在光总量相同的情况下，分别进行连续照光和间歇照光，结果发现后者光合效率更高，进一步支持了布拉克曼的观点。这个实验说明，光反应速率比碳反应速率要快，所以间歇照光的情况下，小球藻能够充分利用光反应为碳反应提供的产物，实现更高的光合效率。

1927年，我国植物生理学家李继侗（1897—1961）与他当时的学生殷宏章（1908—1992）发现，当光的波长突然发生变化时，植物光合速率会发生瞬时变化。李继侗撰写论文，于1929年刊登在英国《植物学年刊》，成为有关光合作用瞬时效应最早的论文，并在后来被国外学者视作光合作用探究历程的一部分[33]，可以视作对两个光系统的早期探索。

1931年，尼尔（Cornelis Bernardus van Niel，1897—1985）将光合细菌的代谢与光合作用类比，该细菌利用硫化氢而放出硫，所以尼尔推测光合作用中的$O_2$是水放出的。

1939年，希尔（Robert Hill，1899—1991）在破碎植物细胞后获得离体叶绿体，并发现只要在离体叶绿体所处悬浮液中加入草酸亚铁等电子受体，那么即使没有$CO_2$，离体叶绿体也能够在光照条件下产生$O_2$。希尔反应进一步说明，$O_2$的产生和有机物的合成是两个相对独立的过程，而且$O_2$的来源很可能是水，而不是$CO_2$。

1941年，鲁宾（Sam Ruben，1913—1943）和卡门（Martin Kamen，1913—2002）等人发表论文[34]，采用同位素标记法（$^{18}O$）证明了光合作用释放的$O_2$来自水。他们的实验方法与一些教材中的介绍有所出入，需在此进行澄清。首先，鲁宾和卡门制备得到比天然水$^{18}O$含量高的重氧水（天然水中$^{18}O$含量为0.20%，制备的重氧水中$^{18}O$含量为0.85%），然后再制备得到$^{18}O$含量较高的$KHCO_3$，以其作为$CO_2$来源。第一组实验中，在重氧水中加入普通的$KHCO_3$和$K_2CO_3$，第二、三组实验中，在天然水中加入$^{18}O$含量较高的$KHCO_3$和$K_2CO_3$，只是$KHCO_3$的比例不同。该研究以小球藻这种水生单细胞藻类为实验材料，用质谱仪测定产生$O_2$的$^{18}O$含量，结果发现每组中$O_2$的$^{18}O$含量均与水的$^{18}O$含量一致，而与$KHCO_3$的$^{18}O$含量不一致。这个实验结果否定了“光合作用释放的$O_2$来自$CO_2$”和“光合作用释放的$O_2$来自水和$CO_2$”的可能性，有力地证明了光合作用释放的$O_2$来自水。要注意的是，$^{18}O$属于稳定同位素，无法通过放射性进行追踪，所以只能通过不同同位素间相对分子质量的差别来加以区分，后文中证明DNA半保留复制的实验中用到的$^{15}N$也是如此。

20世纪40年代，卡尔文（Melvin Ellis Calvin，1911—1997）带领小组，对碳反应的具体反应路径开始了攻关。研究以小球藻为实验材料，用同位素标记二氧化碳（$^{14}CO_2$），每隔一段时间，将小球藻迅速倒入煮沸的乙醇中，使酶失活，从而使反应中止，并提取该时间段的代谢产物。然后通过双向纸层析方法与已知化学物质进行比较，鉴定具有放射性的物质。通过这种方法，可以判断$^{14}C$的去向，从而分析代谢途径。卡尔文等人发现，当光照时间缩短至几分之一秒时，90%的放射性物质是3-磷酸甘油酸（$C_3$），说明$CO_2$还原的第一个产物正是这种物质[35]，由于它是一种三碳化合物，后世将首先发生该反应的植物称作$C_3$植物。卡尔文曾认为，$CO_2$是与某种二碳化合物反应而生成3-磷酸甘油酸，但并未找到这种反应受体。后来，他们设计了一个实验，首先让小球藻在充足$CO_2$供应下进行反应，随后突然停止$CO_2$供应，测定物质含量变化，发现1，5-二磷酸核酮糖（RuBP，$C_5$）含量陡增，而$C_3$含量下降；恢复$CO_2$供应时，则有相反结果，$C_3$含量上升，而$C_5$含量下降[36]。分析实验结果，可以明显看出$C_5$正是他们寻找的那个$CO_2$的最初受体。由于碳反应非常复杂，涉及许多中间代谢产物，所以卡尔文等人历经多年探索，才最终探明了二氧化碳的同化途径。具体反应路径是一个循环，被称为卡尔文循环，是我们今天学习生物化学和植物生理学时必然会学习到的内容。1961年，卡尔文凭借该研究而获诺贝尔化学奖。

1954年，阿尔农（Daniel Israel Arnon，1910—1994）发现，在离体叶绿体溶液中加入ADP、Pi、$NADP^+$，不提供$CO_2$，并进行光照，叶绿体会合成ATP和NADPH；接下来停止光照，提供$CO_2$，则ATP和NADPH被消耗，产生糖类物质。这一研究进一步厘清了光反应与碳反应的关系。

20世纪50年代，爱默生（Robert Emerson，1903—1959）发现

红降效应，即产生氧气的量子产额在波长大于680nm的远红外光区域大幅下降，后来又发现双光增益现象，即用红光和远红光同时照射时，光合效率远高于用二者分别照射。爱默生是瓦尔堡的学生，在光反应机制阐明方面贡献很大。

1960年，希尔和本德尔（Fay Bendall①）与杜伊森斯（Louis Nico Marie Duysens，1921—2015）各自独立地提出植物存在两个光系统[37]。

1966年，雅根多夫利用离体叶绿体，制造出类囊体膜内外的质子梯度，检测到了随质子梯度减小而伴随的ATP生成，从而支持化学渗透学说适用于光合作用。

20世纪70年代，哈奇（Marshall Davidson Hatch，1932—）和斯拉克（Charles Roger Slack，1937—2016）通过追踪$^{14}C$去向，提出了$CO_2$固定的另一条途径——$C_4$途径，利用这条途径的植物被称为$C_4$植物。此外，白天与夜间分阶段进行不同反应的景天酸代谢（CAM）途径也被发现了。这些采取不同$CO_2$固定途径的植物各自适应于其所处的环境。

1983年，戴森霍费尔（Johann Deisenhofer，1943—）、胡贝尔（Robert Huber，1937—）与米歇尔（Hartmut Michel，1948—）破解了紫色光合细菌的光合作用反应中心三维结构，并于1988年获得诺贝尔化学奖。

光合作用的发现史很适合在中学教学中应用，引导学生发展核心素养，培养学生的实验设计能力。不过内容确实非常繁多，教师需要选择性地利用史料，能够达成教学目的即可。同时也要注意问题的设计，不要停留在实验介绍，而要带领学生进行思考，分析实验设计思路，并通过一个个经典实验所提供的证据来

---

① 一位女科学家，当时在希尔实验室做博士后，未查到生卒年。

建构概念。

### 8.3.2 植物营养

除了光合作用这种以水和$CO_2$为原材料的反应以外，植物还需要进行很多别的反应，需要吸收各种营养元素。一个领域的研究往往始于问题，从这个角度讲，虽然赫尔蒙特的柳树实验所得出的结论是植物只需要水，我们依然可以将其看作植物营养方面科学探究的开端。因为他引发了学者们的兴趣，促使波义耳等人进行了一系列实验，其中最有价值的是伍德沃德（John Woodward，1665—1728）的研究[38]。用各种不同的水培养植物，发现土壤浸提液中植物生长最好，而蒸馏水中最差，他指出土壤中的钾、磷、硫、镁、钙、硼等都是植物的必需营养元素[2]。萨克斯在前人工作的基础上，发现在用溶液培养植物时，根系需要适当通气。

布森高（Jean-Baptiste Joseph Dieudonné Boussingault，1801—1887）是采用田间试验方法研究植物营养的创始人，他发现豆科作物固氮的特性，指出可以用豆科植物与其他作物轮作，以维持土壤肥力。这种轮作方式，在我国古代的重要农书《齐民要术》中也有记载。

19世纪初期，腐殖质营养学说十分流行，该学说认为土壤中植物唯一的营养物质是腐殖质，而矿物质起的是间接作用，它加速腐殖质的转化和溶解，使其易于被植物吸收。1840年，李比希提出了矿质营养学说，否定了腐殖质学说，他理论的出发点是地球上先有植物后才有腐殖质，所以植物最初的营养来源一定是矿物质。李比希进一步提出了养分归还学说，认为土壤中矿物质含量有限，随着植物收获必然造成肥力损失，所以应向土壤中施加肥料以归还养分。李比希还提出了“最小因子定律”，即植物的生长受土壤中相对含量最少的养分控制，施肥要有针对性，该定律虽然并不全面，但在农业发展中具有重要的指导意义，李比希是植物营养研究的奠基人。回首望去，矿质营养学说确实揭示了本质，不过彻底否定腐殖质的作用也是不可取的。植物吸收的确实是无机物质，但腐殖质这种有机物质可以在分解者的作用下转化为无机物质，它也是土壤营养的组成部分，土壤环境是一个复杂的生态体系，彼此依存，并不孤立。

李比希之后，植物营养方面的研究得到了长足发展。人工营养液的有效性证明了矿质营养学说的正确性；20世纪上半叶发现了微量营养元素的重要性；发现了营养元素之间具有相互作用；发现了钙作为第二信使的重要作用；养分吸收与运输的理论多次更新；微观方面探究分子机制，宏观方面与生态学研究相结合，植物营养学已逐渐成为体系完整内容丰富的学科。

### 8.3.3 其他方面

除了上述两个方面，植物生理学的研究内容还有很多，包括植物生长与发育的调控机制、植物应对捕食者的反应策略——如次生防御物质的释放等、植物应对非生物胁迫的适应机制、植物对水分和营养元素的吸收机理，等等。其中植物激素——特别是生长素——相关科学史在中学生物教材中已经有详细介绍，在此不再赘述。只是要提醒广大教师，与光合作用的发现历程一样，我们在使用科学史材料时要注意设计好问题，引导学生思考实验设计思路，实现深度学习。

另外，植物免疫是近年新兴的研究领域，科学家们已经知道植物存在PTI（pattern-triggered immunity，模式触发免疫）和ETI（effector-triggered immunity，效应因子触发免疫）两种免疫路径。2021年，两篇论文在《Nature》发表，揭示PTI与ETI之间存在

协同作用，其中一篇由中国科学院辛秀芳团队完成[39]，显示出我国当前的科研水平。关于植物免疫的机制与应用，还有许多值得研究的问题，预计很长一段时间内都会是研究热点。

现代植物生理学研究逐渐走向微观与宏观两个大方向，微观方面深入到细胞、亚细胞、分子水平探究生理活动的机理，宏观方面与种群、群落、生态系统的研究紧密联系，从整体上把握植物与环境的关系，发展出植物生理生态学和植物生态生理学这样的交叉学科。

# 第九章　微生物学

自从列文虎克在显微镜下发现了“小动物”，人类面前就出现了一个崭新的新世界——微观世界，这个微观世界有着不亚于宏观世界的生物多样性。微生物学自19世纪开始发展以来逐步深入，并带动了现代很多学科的发展，例如免疫学、遗传学、分子生物学和生态学等。自然界是一个整体，而微生物是其中十分重要的一部分，巴斯德“未来的话题将是微生物”的论断至今仍未过时，关于微生物的研究在未来将继续深入。

## 9.1 巴斯德

自列文虎克发现微生物后，人们经常能够在显微镜下发现它们，但对它们的功能与特性却一无所知。微生物学真正的奠基人是法国的巴斯德，他一生中先后研究了很多微生物相关的问题，

几乎对微生物学的各个领域都有所影响，被后人誉为“微生物学之父”。

人们往往不知道，巴斯德还是一位出色的化学家。他年轻时研究化学中的晶体问题，26岁时，成功地将酒石酸盐外消旋晶体拆分成两种旋光异构体，开创了立体化学的研究领域，这一成就已经足以使他名留青史，却成为他最不为人所熟知的成果，可见其在生物学方面的贡献有多么引人注目。化学出身看上去与微生物没有多大关系，但巴斯德通过对分子不对称性的研究，发现有机化合物往往具有手性，而无机化合物往往没有[7]，这可能是他对生命现象产生兴趣的原因之一。

巴斯德对科学教育有自己的看法，他解决了很多实践问题，但是他认为科学教育中理论教育和实践教育同样重要，因为“没有理论，实践就只是习惯的例行做法而已”。他还重视纯科学亦即基础科学的研究，当别人问及纯科学发现有什么用时，他的答案是“新生的孩子有什么用呢”[7]。巴斯德有一句名言：“在观察的领域内，机遇只偏爱那些有准备的头脑”。他自己正是这样一个时刻做好了准备的人，理论与实践并重的科学研究思想指导他走向一个又一个成功。

### 9.1.1 研究发酵问题

巴斯德是从发酵问题开始进行微生物研究的，这一研究开始得颇为偶然。当时啤酒在酿出之后经常会变酸，1856年，里尔有一家工厂在用甜菜发酵酒精时遭到了重大损失，而巴斯德当时是里尔自然科学院的院长，所以被请去出主意[2]。自此改变了他的科学道路，由晶体化学转入了前人未曾开辟的微生物学领域。

发酵问题引发了对酶本质的探索，是许多版本的高中生物教材中都会重点介绍的内容，很值得我们进行深入分析。

（1）化学还是生物？

关于发酵，最早作出较为合理解释的是化学家拉瓦锡。他指出酒精发酵是一种化学现象，并与盖-吕萨克（Joseph Louis Gay-Lussac，1778—1850）一起给出了酒精发酵的化学公式，除了没有提到酶，与我们今天的认识是完全一致的。很可惜的一点是，自他之后，发酵被划入了化学家的研究领域，并被视为不可动摇的真理，这在一定程度上阻碍了对发酵现象的进一步认识。实际上，之所以酒变酸的问题会找到巴斯德来解决，正是由于他化学家的身份，因为在当时发酵被视为彻底的化学问题。

此前，法国科学家拉图尔（Charles Cagniard de la tour，1777—1859）和德国的施旺曾分别独立发现酵母菌，并指出酒精发酵与酵母这种生命体有关，但被当时最知名的化学家们一致反对，敏感内向的施旺就此离开德国去往比利时。现在轮到巴斯德登上关于发酵问题的舞台了，他大胆而无畏，不惧任何争论。

同样作为化学家，巴斯德并没有固守发酵是纯化学过程的信条，而是与施旺相同，认为酒精发酵是由啤酒酵母的活动引起的。通过多次实验，巴斯德终于在显微镜下观察到了发酵正常的酒液和变酸的酒液中酵母菌的形状是不同的，分别呈圆球状和杆状。他认为这是两种不同的酵母菌，圆球状酵母菌产生酒精，杆状酵母菌（乳酸杆菌或醋酸杆菌）使酒变酸。他分离出多种微生物，指出酒精发酵、乳酸发酵、醋酸发酵等都是微生物造成的。那么，如何应对酒的变质呢？巴斯德尝试了各种不同的温度来杀死酒中的微生物，最终发现以五六十度的温度加热啤酒半小时，然后将酒密封，就可以保证酒的质量了。这就是大名鼎鼎的巴氏灭菌法，目前主要应用于牛奶灭菌。

巴斯德没有固守学科教条，而是支持了在当时较为新颖的观点，从这种角度讲，巴斯德相比李比希是有所进步的。当然，科

学的进步与否判断标准非常复杂，但最关键的重点是科学重视证据，也重视解决问题的成效。巴斯德在争论中是占据上风的，因为他可以解释和解决酒变酸的问题。李比希曾经认为，发酵能产生乳酸和醋酸，是酵母菌在发酵过程中不重要的证据，因为没有酵母菌，乳酸和醋酸也可以产生。但巴斯德证明了乳酸和醋酸发酵同样是微生物活动的结果，只是在这些过程中起作用的不是酵母菌，而是其他的微生物，这实际上拓展了施旺曾提出的细胞代谢的概念——不同的细胞都可以进行代谢，且其代谢途径与产物可能有所差别。巴斯德还发明了防止酒变酸的方法，巴氏消毒法直到今天依然在牛奶保鲜中得到应用。另外，巴斯德还发现了酵母菌除酒精发酵这种厌氧代谢方式外，还存在着有氧的代谢方式，也就是指出了酵母菌可以进行无氧呼吸和有氧呼吸。而我们今天知道，多细胞生物的细胞同样会进行呼吸作用，施旺的思路得到了验证。

在巴斯德之后，发酵问题看似得到了解决，不过“微生物引起”其实算不上一个特别令人满意的答案，因为其中的细节实在是过于模糊了，巴斯德曾经试图提取过“酵素”，但没有取得成功。究竟微生物活动是如何造成发酵的？对这个问题的新解答来源于一个巧合[40]：19世纪末，毕希纳在帮助哥哥提取酵母菌的蛋白质时，意外发现保存在葡萄糖溶液中的酵母提取液会产生气泡，从而发现了无细胞酵解。毕希纳的研究将发酵问题重新带回到化学家的营地，但这一次，生物学家与化学家已不必再壁垒分明，生物化学这一新兴学科开始蓬勃发展。自此之后，对于发酵本质的研究越来越深入，酶的本质也开始被逐步厘清，人们意识到，酶确实是一种催化剂，它是由生物合成的有机大分子，各种各样的酶催化各种各样的代谢活动，施旺提出的细胞代谢的观点逐渐得到了重视，巧合的是，也正是他第一次从动物体内提取出酶——胃蛋白酶，只是当时连他自己也不知道其与酵母菌的发酵问题具有如此强的相关性。

回首望去，巴斯德和李比希的争论，代表的是对发酵本质认识的两种学科体系的不同观点。今天看来，他们都是对的，但也都有其片面之处。科学史上的漫长争论往往会以“正——反——合”的方式得以折中，发酵是一种化学现象，也是细胞活动的结果，生命无时无刻不在进行着化学反应，从而呈现出一派欣欣向荣的生机景象。

（2）从相关科学史看活力论的衰落

从前文看，围绕着发酵问题的争论集中于“化学还是生物？”，实际上，这段科学史的背后还反映出生命科学史上一个曾经很受欢迎的理论——活力论——的兴盛与衰落。

活力论指的是生命与非生命存在本质区别，生命具有“活力”，是不能与非生命物质等同的，而非生命物质则不存在这种神秘的“活力”。与其他很多理论一样，活力论可以追溯到亚里士多德，他曾经提出植物具有植物灵魂，动物具有植物灵魂和动物灵魂，而人类除了这两种灵魂还具有理性灵魂。亚氏的三种灵魂在古罗马著名医生与学者盖伦那里转化为三种灵气，认为肝脏、心脏与脑分别控制不同的灵气，而灵气运行于血液中。以今天的视角看，这就在生理学中引入了活力论。

在文艺复兴实现科学革命之后，生理学就一直存在着活力论与非活力论的斗争，集中表现于能否用非生物相关的理论解释生物现象。如哈维发现血液循环后，心脏就从注入灵气的神秘器官变为更像一个机械泵，这就体现了对非活力论的支持。需要注意的是，活力论到非活力论的变化并非瞬时性的。一方面，哈维自己就没有抛弃血液与心脏的神秘色彩，他认为“身体各部分都因血液而得到滋养、抚育并被赋予活力”[15]，而心脏是其热

量之源，更为机械化的解释要到几十年后才占据上风，可见观念的变化并非如我们今天所想的那样简单直接。另一方面，在其他领域，活力论不时以各种形式复活，如催生了生物电的发现与电池的发明的“蛙腿论战”中，就有活力论的影子。虽然今日回顾起来，这其中没有任何神秘色彩，生物电完全符合物理与化学规律，但在当时，很多学者认为生物电与其他方式产生的电是不同的，体现生命的特殊性。

那么，换个视角看发酵问题，我们就能看到巴斯德的观点是有着活力论影子的，体现在生命的特殊性上。巴斯德虽然是化学家出身，但他很年轻时就拆分了酒石酸盐的外消旋体，对立体化学领域有开创性贡献。而具有旋光异构性的物质均为有机物，这对他后来走入生物领域应当是有影响的，同时，如果他因此觉得生命与非生命存在差异，也就很容易理解了。实际上，当时人们普遍认为生命体产生的有机物与非生命环境存在的无机物之间存在不可逾越的鸿沟，直到维勒人工合成尿素，这道鸿沟才开始被填平。但即使维勒本人，在发现可以“不通过人或狗的肾脏制得尿素”时也深受打击，可见生命的特殊性有多么深入人心。在这种背景下，巴斯德发现微生物能够引起发酵，又没有找到引起发酵的具体物质，发酵就成了生命特有的现象。由于巴斯德的声望非常之高，人们就不会有意识地去进行无细胞酵解实验，毕竟那样就“破坏了生命”，直到毕希纳出于意外而进行的实验。这个实验证明了：只要条件适宜，生命体产生的物质在体外也是可以发挥作用的，生命与非生命间的界限再一次变得模糊。

活力论在一个个生物学领域内兴起，又一次次走向衰落，反映了人类对生命认识的逐渐加深。同时，这种观念性理论的存在也提醒我们科学家是具有主观意志的，他们的研究无法避免地会受到世界观的影响，这是著名科学哲学家库恩所提出的范式概念中的重要部分。在学习科学史时，我们不仅要看到具体的史实，也要看到史实背后的理念变化。同时，我们在评论历史上的科学家时要考虑历史背景，要辩证而立体地进行分析：比如在发酵问题上评价巴斯德，从跳出化学固有思维的角度来看，他无疑是进步的，而从引入生命特殊性的角度来看，他又一定程度上阻碍了当时的进一步研究，而从由发酵问题开创微生物学并创立病原微生物感染引起疾病的理论和免疫学来看，他对人类的贡献是无比伟大的，值得称颂。总之，历史是复杂的，科学史同样如此。

（3）教学建议

在中学生物教学中，我们在带领学生学习“关于酶本质的探索”这段科学史材料时，没有必要将科学史讲得如上面的分析那么细致。要牢记科学史材料只是教学载体，是帮助学生学习的情境，重心要放在核心概念的建构与核心素养的发展上。

这部分内容要帮助学生建构的核心概念是“酶是活细胞产生的具有催化作用的有机物，其中绝大多数酶是蛋白质”。这个概念不应该由学生死记硬背，而应该由他们自主建构，科学史材料正是帮助他们建构概念的绝佳抓手。我们可以在巴斯德与李比希的争论部分，带领学生总结出“活细胞”和“具有催化作用的物质”两个关键点，并写在黑板上；然后在毕希纳的无细胞酵解实验部分，将上述两个关键点组合，形成“活细胞产生的具有催化作用的物质”，学生自然会产生“该物质究竟是什么？”的疑问；再在萨姆纳（James Batcheller Sumner，1887—1955）的研究部分，将“物质”替换为“有机物”，增加“蛋白质”关键词；最后根据切赫（Thomas Robert Cech，1947—）和奥特曼（Sidney Altman，1939—2022）的发现，增加“RNA”关键词，并在“蛋白质”前加上“绝大多数”。这样，随着科学史材料的一步步推进，学生关于酶的认识也逐渐加深，自然而然地可以建构起关于

酶的核心概念。当然，切赫与奥尔特曼发现的核酶与酶在英文中是两个不同的单词，不过1989年诺贝尔化学奖授予他们时，理由是“发现了RNA的催化特性”，所以重心还是在生物大分子的催化剂作用上，不在核酶与酶的区分，教师可以根据学情引领学生辨析概念，加深对概念的理解。

在核心素养方面，不同教师根据具体学情和个人教学情况，会有各种不同的精彩处理，在此仅做一些提醒与建议。一是注意知识间的联系性，建立整体性的生命观念。比如我们可以在学习酶本质后，告诉学生巴斯德也曾经试图提取过酵母菌中起作用的物质，但是失败了，这可能是什么原因？实际上很可能就是由于提取过程中蛋白失活了。这一方面利于学生理解后面要学习的“酶的作用条件较温和”，一方面也是对蛋白质性质的回顾，对物质观和结构与功能观的建立均有帮助。我们也可以简单提及施旺的贡献，并提问“酵母菌这样的单细胞生物，细胞的反应就是个体的生命活动了，多细胞生物呢？”引导学生回顾细胞学说，理解多细胞生物的所有细胞分工合作，共同保证生命的正常进行。这既为选择性必修1的学习奠基，也利于学生树立系统观。二是注意科学研究的逻辑与方法，帮助学生发展科学思维、证据意识与探究能力。这方面大家都比较熟悉，不做过多分析，只是要提醒大家注意一点：教材是从酒变酸的问题切入发酵相关争论的，但后文并未回答这一问题。我们可以适当补充前文所述巴斯德解决酒变酸问题的相关材料，引导学生分析巴斯德和李比希各自观点在面对这一问题时的优劣，从而更好地发展学生的逻辑思维与根据证据评价观点的能力。

### 9.1.2 否定自然发生

自然发生说——即认为生命体可以从无生命的物质中自发产

生——是一种古老的学说，在世界各国都有相关的记载，我国也有“枯草化萤”“腐肉生蛆”的记录。在西方，亚里士多德将自然发生作为与有性生殖和无性生殖并列的生物发生的途径之一，并与他的很多其它观点一样，在两千年后变为了信条。

自然发生说是符合古人认知水平的，但是随着生物学知识的逐渐积累，它也逐渐受到了挑战。1668年，意大利的雷迪（Francesco Redi，1626—1698）发表了《昆虫发生的试验》，他将肉放入三个容器，分别敞口放置、用纱布包住和用羊皮纸包住，结果三个容器中的肉都腐烂了，但只有开放的容器中的腐肉上长出了蛆，后两个容器中的腐肉上都没有蛆产生；用纱布包住的容器内部没有别的反应，但纱布外侧出现了卵；而羊皮纸包住的容器内外都没有生出其他东西[11]。这一实验结果和自然发生说不符，合理的解释是：纱布外侧的卵是被腐肉散发的气味吸引来的昆虫产下的，羊皮纸无法散发气味，所以没有吸引昆虫，而开放容器中的蛆是卵发育而来的。雷迪进一步由卵开始观察其发育的各个阶段，最终证明腐肉上的蛆是苍蝇的幼虫[7]。雷迪的研究有力地否定了“腐肉生蛆”这种自然发生说观点，不过自然发生说并不是这么容易就能被打倒的观念，争论的阵地转移到了显微镜下发现的微观世界。

自然发生说的支持者认为，肉汤之所以会腐烂是由于微生物的滋生，而微生物来自哪里？来自从肉汤中的自然发生。乔布劳特（Louis Joblot，1645—1723）进行了实验驳斥这一观点，他将肉汤煮沸，之后分别密闭和敞口放置，结果只有后者会大量滋生微生物。为了使实验更具有说服力，他还将密闭的容器重新打开，结果很快微生物就占领了培养基。但是尼达姆（John Turberville Needham，1713—1781）多年后重复实验时，无论是否煮沸肉汤，也无论是否密闭容器，容器中都有大量的微生物，以

此对乔布劳特的实验结果提出质疑[1]。斯帕兰扎尼指出尼达姆的实验存在问题，他自己也进行了加热实验，发现不同微生物对热的耐受性是不同的，所以认为尼达姆的实验结果很可能是由于加热进行得不够充分，他还提出微生物是从空气中进入培养基的。当然这并没有平息争论，比如法国化学家盖-吕萨克就指出消毒后的器皿缺乏氧气，而氧气对生命来讲很重要，所以自然发生才被阻碍了。好在还是有人无视了这场争论，而是用斯帕兰扎尼的方法来贮藏食物，罐头工业自此开端。

19世纪，施旺重复了斯帕兰扎尼的实验，他还加热了空气，并用实验证明青蛙在这种空气中可以很好地生活，可惜他的实验重复性不高。舒尔茨（Max Schultze，1825—1874）换了个方法，他用浓酸或浓碱来净化空气，但是自然发生说的支持者依然认为他把“生命要素”折磨掉了，所以实验结果不能说明问题。自然发生说最强有力的支持者是法国的普谢（Félix Archimède Pouchet，1800—1872），他坚信自然发生，并将精力放在研究自然发生的条件上，认为自然发生的要素包括生命力、有机物、水、空气和适宜的温度[7]。普谢颇有威望，支持者众多，当然反对者也同样存在，如贝尔纳[2]，而最主要的反对者正是巴斯德。

巴斯德致力于从实验上证明自然发生说的错误[7]。首先，他要证明空气携带微生物，于是使空气通过棉絮，然后将棉絮放在酒精和乙醚中，从而收集空气中的物质，再在显微镜下观察相应液体时，果然发现了大量微生物。巴斯德还发现不同环境的空气中微生物含量不同，高山中就很低，他曾经将灭菌的培养基带到高山上，敞口放置后，长出微生物的很少。普谢用枯草浸液进行了同样的实验，结果与巴斯德的不同，很多培养基都长出了微生物，他并不是容易打败的对手。巴斯德最有说服力的实验是他的“曲颈烧瓶”实验（或称“鹅颈瓶实验”），这种巧妙的实验器材设计能力大概源于他早年学习化学时所受到的训练。他将烧瓶拉出弯曲的长颈，这种长颈可以阻挡空气中非气体物质的进入，长期放置，瓶中的培养液均安然无恙，没有发生腐败。而如果将烧瓶倾斜，使液体通过长颈的弯曲处，或是将长颈折断，培养液就又变成了微生物滋生的温床。这一实验有力地证明了培养液中的微生物是自空气中带入后大量滋生的，于是巴斯德在1862年获得了巴黎科学院的奖金。1864年，科学院安排了委员会主持普谢与巴斯德两人的公开论战，但普谢却突然缺席，于是巴斯德就取得了胜利。1877年，巴斯德在写给别人的信中表示，他反对自然发生说是出于医学上的考虑，因为他觉得如果医生都相信自然发生说，就会不利于治疗与预防[7]。

1870年，英国物理学家丁达尔（John Tyndall，1820—1893）发现，有些微生物是相当抗热的，即使微生物的营养体在高温下被杀灭了，它们产生的孢子也可以存活，于是微生物会在恢复低温后重新大量出现。实际上，这也许就是自然发生说的支持者们能在实验中取得成功的原因，比如普谢用枯草浸液进行的实验，就可能是由于枯草芽孢杆菌的芽孢具有高耐热性。丁达尔发明了间歇灭菌法，在首次灭菌后将液体冷却，然后继续加热，这样五次间歇煮沸一分钟就可以杀灭能抗一小时煮沸的细菌[7]。丁达尔的研究对自然发生说的否定几乎是决定性的。

目前自然发生说的最后阵地是生命的起源，因为理论上必然存在一个从无到有的过程。很有意思的一点是，活力论——或者说生命特殊论——最后的阵地也同样是生命起源问题，但它的立足点和自然发生说恰好是截然相反的。我们换个角度来思考巴斯德的实验，它其实说明了生命体不会简单地从非生命环境中自发产生，也就又一次展现了生命的特殊性。当然，巴斯德的实验并没有问题，复杂的细胞也的确不会那么简单地就像自然发生说所

宣称的那样从无到有，但生命究竟如何诞生呢？1952年，著名的米勒-尤里实验——即“原始汤”实验——证明了，在模拟远古地球环境的条件下，多种氨基酸可以自发产生，而它们是构成生命的重要有机物。虽然后续发现这一实验存在问题，因为远古地球环境与实验设置并不相同，而且简单的原始汤理论无法解释真正复杂的多聚大分子如何持续稳定地产生[41]。但现在学界已经普遍相信，生命是起源于原始地球的无机环境中的，这种生命摇篮极有可能是深海中的热泉口，有的学者认为火山驱动的“黑烟囱”中诞生了生命，也有的学者认为另一种碱性的热泉口才是生命的诞生地[41]。抛开这些争论，现在普遍认为RNA很可能是最早大量产生的生物大分子，因为它既能成为自我复制的模板，又有自我催化的能力。又经过漫长的岁月，细胞出现，最早的生命由此诞生。这些猜测已经有了一系列实验证据，我们可以看到，生命的起源既不像自然发生说宣称的那样简单，也不像活力论暗示的那样需要超自然力量的存在。生命既有其特殊性，又不脱离物理化学规律。

### 9.1.3 病菌引起传染病

在早期，传染病被视为与“瘴气”有关，虽然也有一些先驱提出了传染病由微生物引起的说法，但都较为肤浅，也没有引起实践上的重视[7]。

匈牙利医生萨米尔魏斯（Ignaz Philipp Semmelweis，1818—1865）是传染病学的伟大先驱之一，他指出使产妇致死的疾病产褥热是一种传染病，病因是医生们在实习尸体解剖时感染了“尸毒”，又用受污染的双手和器械将“尸毒”带给了产妇。他用漂白粉水溶液对双手和医疗器材进行消毒，随后产褥热引起的死亡率大大降低，这证明了他的猜想[2]。他呼吁产科医生们都采取消毒的方法，但是这无异于指控他的同行们一直都在犯罪，而且当时也没有找到这种感染的机理或适用理论，甚至魏尔肖都出于“疾病源于细胞出现问题”的观念而不接受这种学说，所以这种消毒方法并未得到认可。萨米尔魏斯后来健康状况恶化，在进入精神病院后不久去世[7]，未能看到外科手术消毒法的推广。匈牙利在后世为这位悲情英雄树立了雕像。

病原体引起传染病这一理论的真正奠基人是巴斯德，他的研究是从低等动物的传染病开始的。在成功地“治疗”了“酒病”之后，1865年，巴斯德又被请去治疗“蚕病”，这是一种在蚕中爆发出的奇怪疾病。巴斯德对蚕并没有什么了解，对它的疾病更没有，但是他最终还是成功地分离出了两种致病微生物，并且建议蚕农将染病的蚕和桑叶全部毁掉，再用显微镜选取不带病菌的蚕卵重新开始养殖，以防止疾病的传染，这种举措成功地将法国的丝绸业从萧条的边缘拯救了回来。从“蚕病”开始，巴斯德逐渐走上了对高等动物和人类的传染病的研究之路。从1877年起，他研究了炭疽病、鸡霍乱和狂犬病，并分离出了鸡霍乱的病原菌[2]，自此开创了医学微生物学。

巴斯德也曾建议过医生们对手术刀和其他器械进行严格的消毒，但是医生们反应漠然，可能是因为他没有医学方面的学位。好在英国医生李斯特（Joseph Lister，1827—1912）发扬了巴斯德的疾病病菌说，创立了外科消毒法并予以推广，到了19世纪末，整个医学界终于都普遍接受了在医疗中要注重消毒灭菌的观点。从这个角度讲，我们今天可以对一些外科小手术毫不担心，必须要感谢巴斯德和李斯特。

### 9.1.4 疫苗

人类对疫苗的应用是从天花这种疾病开始的。中国人很早就

发明了预防天花的方法，至迟在17世纪，就使用了人痘接种法，方法是在人的鼻孔内接种轻症病人的痘浆或痘痂，也有让被接种者直接穿上天花患儿的衣服的方法。人痘接种法在我国经由了不断改良，安全性和有效性在后来均有所增强，借由这种方法，天花在我国的威胁比其他国家是要轻的。之后，这种方法传到了世界各国，不过其安全性还是无法保证，体质差的人反而会在染上天花后面临生命危险，但在当时，这已经是最先进的预防方法。18世纪末，英国医生詹纳（Edward Jenner，1749—1823）结合人痘接种法和挤奶女工不易患上天花的事实，于1796年，利用感染牛痘的人身上的疱疹中的痘浆，为园丁的儿子进行了接种，一个多月后，又为他接种了人痘，结果发现孩子对人痘的反应非常轻微，这就说明牛痘接种可以抵抗天花，实验成功了[42]。詹纳不是第一个发现接种牛痘可以预防天花的人，一位英国农场主就曾经为自己和家人接种过牛痘，并且没有染上天花[42]。不过，詹纳首先发现了人在感染牛痘后新形成的疱疹可以作为接种来源，并且一力推广了牛痘接种法，对疫苗的保管和接种时的消毒工作都有注意到，保证了接种的安全与有效，他是当之无愧的牛痘疫苗之父。牛痘接种法在刚刚推行时，反对的声音很多，但这种新的预防方法最终得到了认可，并且取得了巨大的成功，天花也成了为数不多的人类真正战胜了的传染病。

1879年，巴斯德在对分离出的鸡霍乱病原菌进行检验实验时发生了意外，接种了病原菌培养液的鸡并未发病，这就无法证明他所分离的微生物确实是鸡霍乱的致病菌了。仔细检查实验步骤之后，巴斯德发现原因可能是培养液不够新鲜，导致致病微生物失活。他很快重复了实验，接种新鲜的病原菌培养液，结果发现：虽然一部分鸡如预测般很快死亡，但还是有一部分鸡没有发病。巴斯德非常意外，检查后发现没有发病的鸡正是上一次实验中接种了失活培养液的鸡。他没有任由这两次实验的结果从眼前溜过，而是敏锐地发现了其中蕴藏的重要信息：鸡霍乱的病原菌长期培养后毒性降低，而用这种减毒的培养液给健康的鸡接种可以使它们获得抵抗这种疾病的能力，而这也正是詹纳牛痘接种法的机理。巴斯德的这个实验与实验解释是现代免疫学的开端[2]。

1881年，巴斯德再接再厉，发明了牲畜炭疽病的疫苗[2]。他认为牛羊易患此病而鸡不容易患病是由于鸡的体温更高，于是将炭疽病菌培养在42-44℃的肉汤中，获得了毒性较弱的菌株，稀释后得到了炭疽疫苗。他进行了一场公开表演实验，接种疫苗的动物全部生存，而未接种的绵羊、山羊和牛全部患病。

最后，巴斯德向人类传染病进军。不过考虑到人体实验的伦理性问题，他决定研究人畜共患病，最终选择了狂犬病[7]。狂犬病与他研究过的其他疾病不同，它是通过病毒传染的，而病毒并不能在光学显微镜下观察到。但巴斯德根据对狂犬病相关情况的了解，相信它一定也是某种微生物造成的。他发现，将患狂犬病的狗的唾液注射到狗或兔子的大脑之后，发病潜伏期明显变短，于是推测病原微生物集中于神经系统。之后，他将病兔的脊髓取出，在烧瓶内悬挂干燥，干燥后的脊髓病原活性大大降低。在一系列摸索疫苗浓度的实验后，巴斯德成功研发出了对动物有效的狂犬病疫苗。鉴于伦理考虑，起初巴斯德将研发成功的狂犬病疫苗束之高阁，直到1885年，一个小男孩被狗咬伤，他的母亲绝望之下找到巴斯德，这种疫苗才第一次应用于人体，并顺利预防了男孩的发病。巴斯德发明的狂犬病疫苗成功地帮助了许多人，为他获得了极大的声誉。

1887年，巴斯德研究所成立，并于1888年获得了国家认可。如今，这个研究所已经在世界各地有了二十多个分所，我国的巴斯德研究所位于上海。

## 9.2 传染病学的发展

德国的科赫是传染病学的真正建立者，是细菌实验技术的大师，也是巴斯德的主要竞争对手。普法战争后，德法两国的紧张关系使两国的科学家也关系微妙，有交流，但也有针锋相对的论战，毕竟科学无国界，但科学家有。

1884年，科赫总结当时的研究成果，提出了如何证明一种微生物是某种疾病的病原菌的原则，即“科赫法则”，这是现代传染病学的基本原则[2]。

（1）该微生物一定能在患病生物的体内发现；

（2）必须能从寄主体内分离出这种微生物，并作纯培养。

（3）用该纯化微生物进行人工接种，能诱发同样的疾病。

（4）人工接种后必须在发病的寄主身上能够重新分离到该微生物。

以上原则在实践中也存在问题，比如，很长时间内病毒是无法观察到的，遑论纯培养，完全遵循该原则会影响狂犬病之类疾病的预防；再比如，有些个体是病原微生物的携带者，并不会表现出症状，但同样具有传染性；另外，对于人类传染病来说，（3）（4）这两步存在着伦理问题。不过，科赫法则依然是伟大的，指导了当时的微生物学研究，在这之后，多种疾病的病原体被发现，至此才算令人信服地验证了传染病由病原微生物引起这一假说。

科赫所领导的实验室建立了很多种微生物的纯培养与染色的方法，比如固体培养基的制备和蒸汽灭菌法，对微生物学发展贡献很大。科赫对传染病的防治也可谓尽心尽力，他自己分离并纯化了炭疽杆菌、霍乱弧菌和结核杆菌，他的学生们则陆续发现白喉、伤寒、腺鼠疫、梅毒等多种疾病的病原体。结核病的病因探明是科赫的重大贡献，这种疾病多年来一直具有神秘色彩，科赫证明了它是由细菌引起的疾病，打破了其神秘性。

在研发疫苗方面，科赫不如他的竞争对手幸运，他选择的攻克目标是结核疫苗，但真正意义上的结核疫苗时至今日都无人研制成功，毕竟卡介苗仅可用于预防儿童结核病，对青少年和成人是无效的，且没有终身免疫效果。科赫当时研发出了结核菌素，它对于诊断结核病非常有效，可是却没有预防或治疗效果。根据今天的知识来分析，结核菌素触发的是延迟性超敏反应，它能够引起树突状细胞的反应，这种反应不足以激活原始T细胞，只能激活记忆T细胞。所以，结核菌素可以用作结核病的早期检测试剂，却无法当成疫苗来使用，也无法成为结核病的治疗药物。但很可惜，当时正是以治疗药剂的身份推出结核菌素的，结果使得科赫的名誉大大受损[7]。

虽然有结核菌素这一滑铁卢，科赫依然是当之无愧的微生物学史上最伟大的人物之一。现代微生物学基本实验操作能够实现，很大程度上是源于他和他的团队，他个人在分离纯化细菌方面表现出的能力也令人印象深刻。1905年，科赫获得了诺贝尔生理学或医学奖。

20世纪，传染病出现了新的治疗方法。曾在科赫实验室工作过的德国科学家埃尔利希（Paul Ehrlich，1854—1915）首创化学治疗法，发明“606”，这是一种有机砷化合物，多用来治疗早期梅毒，也可治疗回归热和鼠咬热等疾病[2]。他的同胞多马克（Gerhard Domagk，1895—1964）1935年发明了磺胺类药物，这是一种广谱的抗生素类药物，是首个人工合成的广谱抗菌药，多马克很快获得了1939年的诺贝尔生理学或医学奖，不过由于纳粹政府阻挠未能及时参加颁奖典礼。

弗莱明（Alexander Fleming，1881—1955）于1928年发现青霉素的故事一直被人们津津乐道，他的成功看上去是非常巧合的偶然。的确，没有将发霉的金黄色葡萄球菌培养基扔掉，却进行了仔细观察，并进一步意识到青霉素的存在，这里面需要很多的巧合。但是正如巴斯德所说，机遇这次也是找上了有准备的头脑。弗莱明本身的早期成果就是发现了溶菌酶，他对溶菌现象是很敏感的。同时，他会仔细观察久置的菌落，也是由于对一篇论文中金黄色葡萄球菌的变异现象产生了兴趣[43]。否则，这一发现只会与他失之交臂。虽然青霉素被发现了，但要大规模工业生产还需要进行很多工作，这其中弗洛里（Howard Walter Florey，1898—1968）、钱恩（Ernst Boris Chain，1906—1979）和席特利（Norman Heatley，1911—2004）等人起到了重要作用。1943年，青霉素才真正大规模投入使用，背后有战争需求的因素。1945年，弗莱明与弗洛里和钱恩共享了诺贝尔生理学或医学奖。1946年，霍奇金（Dorothy Crowfoot Hodgkin，1910—1994，第3位诺贝尔化学奖女性得主）通过X射线衍射技术破解了青霉素的核心结构，并因测定了青霉素与维生素$B_{12}$等重要物质的结构而获得了1964年的诺贝尔化学奖。

传染病的机理研究与防治探索方面，除了上述内容，还诞生了其他诺贝尔生理学或医学奖成果。1902年，罗斯（Ronald Ross，1857—1932）因对疟原虫生活史方面的研究而获奖，明确了蚊子是疟原虫的中间宿主。1907年，拉韦兰（Charles Louis Alphonse Laveran，1845—1922）因确定某些原生动物是某些疾病的病原体而获奖，疟原虫就是他最早发现的。1928年，毕业于巴斯德研究所的尼柯尔（Charles Nicolle，1866—1936）因确定体虱是斑疹伤寒的传播者而获奖。1951年，泰勒尔（Max Theiler，1899—1972）因对黄热病的研究而获奖，他研发出了黄热病疫苗。1952年，瓦克斯曼（Selman Abraham Waksman，1888—1973）因发现链霉素而获奖，不过，虽然他在抗生素方面确实贡献良多，特别是组织引领了寻找链霉素的系统性工作，但链霉素的实际第一发现者是他的学生沙茨（Albert Schatz，1920—2005），即使该研究是在导师指导下进行的，但沙茨也是当之无愧的链霉素的共同发现者，可惜他却未曾获得应有的荣誉。1954年，恩德斯（John Franklin Enders，1897—1985）、韦勒（Thomas Huckle Weller，1915—2008）和罗宾斯（Frederick Chapman Robbins，1916—2003）因在实验室中实现了脊髓灰质炎病毒的培养而获奖，为疫苗研发铺平了道路。1976年，布隆伯格（Baruch Samuel Blumberg，1925—2011）与盖杜谢克（Daniel Carleton Gajdusek，1923—2008）获奖，前者发现了乙肝病毒，后者发现库鲁病的病因与当地食人脑的习俗有关。1988年的获奖者中，埃利恩（Gertrude Belle Elion，1918—1999，第5位生理学或医学奖女性得主）与希钦斯（George Herbert Hitchings，1905—1998）使用新方法，开发了一系列药物，其中包括治疗疟疾与疱疹的药物。1997年，普鲁西纳（Stanley Ben Prusiner，1942—）获奖，他发现了朊病毒，为库鲁病找到了更深层次的病因，这也是克雅氏病、羊瘙痒病和疯牛病等传染性疾病的病因。2005年，马歇尔（Barry James Marshall，1951—）和沃伦（John Robin Warren，1937—）因发现幽门螺杆菌会引起胃炎而获奖。2008年，豪森（Harald zur Hausen，1936—2023）因发现HPV引起宫颈癌、巴尔-西诺西（Françoise Barré-Sinoussi，1947—，第8位生理学或医学奖女性得主）与蒙塔尼耶（Luc Montagnier，1932—2022）因发现HIV及其致病机理而获奖，这些发现对改进相关疾病的预防与治疗方案非常重要。2015年的诺贝尔奖颁给了治疗寄生虫病的研究，坎贝尔（William Cecil Campbell，1930—）与大村智（Ōmura

Satoshi，1935—）分享了一半奖金，屠呦呦（1930—，第12位生理学或医学奖女性得主）获得另一半奖金，这是中国籍科学家首次获得诺贝尔奖，青蒿素研究是群体工作的结晶，不过屠呦呦起到了关键作用，获奖也是实至名归。另外，在中国近代史上，伍连德（1879—1960）抗击鼠疫和汤飞凡（1897—1958）对沙眼衣原体的研究也都是非常伟大的工作。2020年，奥尔特（Harvey James Alter，1935—）、霍顿（Michael Houghton，1949—）与赖斯（Charles Moen Rice，1952—）因对丙型肝炎病毒的研究而获奖。

化疗药物和抗生素的应用看上去使人类与病原菌的战斗一片光明，但各种副作用从20世纪后半叶开始显现出来。不少化疗药物有着严重的副作用，而抗生素的滥用会引起肠道菌群的失调，更严重的是，病原菌们出现了抗药性，这是由人类所导致的进化，如果用加强药性来解决这一问题，就会陷入无休止的军备战争中，而人类自身未必能比那些微小的单细胞生物耐性强。我们不能迷信技术，更不能滥用技术，对于传染病的防治，还是要首先做好源头的公共卫生工作，防患于未然，再遵从医嘱，避免药物滥用。

## 9.3 免疫学的发展

免疫学起源于医学，但与微生物学关系密切，巴斯德的研究奠定了免疫学的基础。

1888年，巴斯德的学生鲁（Pierre Paul Émile Roux，1853—1933）和耶尔森（Alexandre Emile Jean Yersin，1863—1943）发表论文，他们利用细菌滤器除掉白喉杆菌，将滤液中的物质注射给实验动物，结果可以造成动物发病，就此发现白喉毒素，他们还提出了白喉毒素可以引起动物免疫的猜测[44]。后来发现，白喉毒素是一种蛋白质，确实可以引发动物免疫。1890年，工作于科赫实验室的德国学者贝林（Emil von Behring，1854—1917）和日本学者北里柴三郎（Kitasato Shibasaburo，1852—1931）用白喉毒素对动物进行免疫，他们发现被免疫的动物血清中含有一种能中和毒素的物质——白喉抗毒素。他们将这种血清注入正常动物体内，后者就获得了对白喉毒素的免疫力。我们今天知道，这种白喉抗毒素就是一种抗体。与青霉素一样，血清疗法并未在发明后马上得以应用，真正实现工业化生产和常规使用要归功于埃尔利希的帮助[7]。血清疗法与以往的疫苗不同，是一种被动免疫疗法，而詹纳和巴斯德研发的疫苗被称为主动免疫疗法，顾名思义，两种免疫疗法下，机体内的抗体分别是被动由外界注入和主动由机体产生的。1901年，贝林获得了首届诺贝尔生理学或医学奖，而北里柴三郎却颗粒无收，这有可能是一种对非白种人的歧视，好在历史会铭记科学家的功绩。

曾在巴斯德实验室工作过的梅契尼科夫（Ilya Ilyich Mechnikov，1845—1916）是吞噬细胞的发现者，建立了吞噬细胞在免疫中起关键作用的“细胞免疫”理论。在此之前，人们认为炎症是一种对刺激的被动反应，而白细胞在很多医生眼中都是与疾病紧密联系的不受欢迎的角色。而在梅契尼科夫的理论中，炎症是机体的主动免疫反应，也就是说，炎症是一场主动打响的防御战，而白细胞则是战斗英雄。抗毒素的提出对梅契尼科夫的观点构成了挑战[44]，因为血清疗法的成功显示了体液在免疫中的重要作用，代表“体液免疫”理论。需要注意的是，这里的“细胞免疫”和“体液免疫”与我们今天在中学阶段学习的概念是有很大差别的，只是强调了细胞和体液各自在免疫中的作用，而不是专指特异性免疫中的两条路径。针对争论，梅契尼科夫提出了折中的

观点，“我们可以对两种学说都予以支持，就像吞噬细胞和抗毒素相辅相成一样，因为我们可以认为，吞噬细胞获得了血清抗毒素的支持，而它自身也为机体的抗毒性提供了帮助”[44]。我们今天可以看到，他的观点本质上是正确的。梅契尼科夫还倡议饮用酸奶以帮助消化，是益生菌观念的早期奠基者。他还指出免疫系统可能反应过激，产生危害生命的过敏反应，这一假说后来被验证，并帮助里歇（Charles Robert Richet，1850—1935）获得了1913年的诺贝尔生理学或医学奖。

1908年，梅契尼科夫与埃尔利希分享了诺贝尔生理学或医学奖，标志着学界已经认可细胞与体液在免疫过程中都发挥了重要作用。前文已经介绍过，埃尔利希是化疗药物“606”的发明者，还协助了贝林大规模生产抗白喉血清。今天看来，他还有一项非常重要的成就——创立侧链学说，“人们普遍认为这是第一个关于抗体形成的理论”[7]。该理论认为，抗体是由细胞生成的，这些生成抗体的细胞具有许多侧链，不同的侧链能结合不同的抗原分子基团，一一对应，特异性抗原进入人体后，就会激活相对应的抗体大量产生。后来，关于抗体形成的机制又产生了其他理论，有的理论认为抗体刚产生时不具有多样性，受到抗原分子指令后才折叠成具有特殊构象的抗体，并与抗原相结合；有的理论认为人和动物在胚胎时期就可以合成各种各样的抗体，抗原进入体内后选择相应抗体，并促使细胞大量合成这种抗体。这些理论都存在这样或那样的问题，无法同时解释抗体多样性与免疫记忆是如何存在的。同时，随着人们对蛋白质认识的加深，“抗原提供指令，指导抗体折叠”的理论自动暴露出了其存在的核心问题。1972年的诺贝尔化学奖得主安芬森（Christian Boehmer Anfinsen，1916—1995）发现，氨基酸序列本身就决定了链的折叠方式。那么，同一种抗体在不同抗原诱导下呈现出极强的多样性，就是不可想象的了。

1957年，伯内特（Frank Macfarlane Burnet，1899—1985）在杰尼（Niels Kaj Jerne，1911—1994）抗体选择理论的基础上，提出克隆选择学说，这是当代普遍认可的理论。该理论认为，产生不同抗体的细胞本就各不相同，每种细胞可以产生一种特定抗体，这些种类的细胞在机体中本就都存在，但每种数量都不多，在抗原刺激下，产生特定抗体的细胞会被激活并增殖，从而产生大量相应抗体。时至今日，我们已经对该学说背后的机理了解得更为清楚，B细胞形成时，会经过基因重排，从而形成未来能够应对不同抗原的各种B细胞，种类极其繁多，1987年，利根川进（Susumu Tonegawa，1939—）因阐明该机理而获诺贝尔生理学或医学奖。抗体相关研究还催生出了其他诺奖级成果：1972年，埃德尔曼（Gerald Maurice Edelman，1929—2014）与波特（Rodney Robert Porter，1917—1985）因确定抗体结构而获诺贝尔生理学或医学奖，抗体由两条轻链与两条重链共同构成，形成Y形结构。1984年的诺贝尔生理学或医学奖则颁给了单克隆抗体相关研究，杰尼、科勒与米尔斯坦获奖。杰尼是免疫学理论方面的重要开创者，其思想深刻影响了之后的免疫学发展，他认为胚胎时期免疫系统就已经产生了未来所需的抗体类型，启发了伯内特，并提出了免疫网络学说，指出免疫系统中的不同组分间存在着通信与合作，这一点已成为今天的常识性观点；科勒与米尔斯坦共同开发了单克隆抗体技术，极大地促进了免疫治疗的发展。

获得性免疫系统的任务是识别“自己”与“非己”，并对非己成分进行攻击。伯内特认为，这种区分自身与外来组织的能力是在胚胎阶段获得的，在这一阶段遇到的抗原会被识别为“自己”成分，而对自身抗原做出反应的免疫细胞系会被抑制。梅达瓦（Peter Brian Medawar，1915—1987）通过实验验证了这一

理论，他发现，异卵双生的小牛间进行皮肤移植并不会引起免疫排斥。1960年，伯内特与梅达瓦因发现获得性免疫耐受而分享了诺贝尔生理学或医学奖。人们研究这一问题主要是为了克服器官或组织移植中的排斥现象，而免疫排斥的机理随后也清晰化了。1980年，诺贝尔生理学或医学奖颁给了主要组织相容性复合体（MHC）相关研究，贝纳塞拉夫（Baruj Benacerraf，1920—2011）、多塞（Jean Dausset，1916—2009）与斯内尔（George Davis Snell，1903—1996）获奖，斯内尔发现小鼠与移植排斥相关的膜表面分子及其基因定位，多塞发现具有类似功能的人类白细胞抗原（HLA），贝纳塞拉夫发现MHC中的免疫应答基因。不同个体MHC存在差异，这造成了异体间的免疫排斥。免疫排斥后来被放疗、化疗、免疫抑制剂等抑制，其开创者默里（Joseph Edward Murray，1919—2012）和托马斯（Edward Donnall Thomas，1920—2012）也于1990年因促进器官与细胞移植而获诺贝尔生理学或医学奖。不过，MHC的作用不止于造成免疫排斥，杜赫提（Peter Charles Doherty，1940—）与辛克纳吉（Rolf Martin Zinkernagel，1944—）发现，T细胞发挥特异性免疫作用要依赖于MHC的帮助，揭示了MHC存在的真正意义，他们由于发现细胞介导的免疫防御特异性而于1996年获奖。

除了获得性免疫系统，先天免疫系统也发挥着非常重要的作用。这方面的第一项诺贝尔奖成果是补体的发现，1919年，比利时的博尔代（Jules Bordet，1870—1961）因此获诺贝尔生理学或医学奖。博尔代在研究霍乱弧菌时发现，将具有溶菌作用的抗菌血清在56℃下加热30分钟，血清会失去溶菌能力，不过依然可以凝集细菌，而如果在加热后的血清中加入没有特异免疫性的普通血清（这种血清没有抗菌性，既不能凝集细菌也不能溶解细菌），血清就又获得了溶菌能力。博尔代据此推测，血清中含有一种能帮助抗体溶解细菌的成分，它不具特异性，单独存在时不能发挥作用，并命名为防御素（alexine）。后来埃尔利希重新将这种物质命名为补体（complement），即我们当前所使用的名称。时隔近百年，2011年的诺贝尔生理学或医学奖又颁给了先天免疫系统相关研究，博伊特勒、霍夫曼与斯坦曼（Ralph Marvin Steinman，1943—2011）获奖，其中斯坦曼在获奖前已经去世，但评审委员会并不知情，所以依然将奖项颁给了他。霍夫曼发现果蝇Toll基因，并发现Toll蛋白在免疫中起作用，博伊特勒则是发现了小鼠的Toll样受体对应基因，并意识到Toll样受体可以识别脂多糖，这种物质是许多细菌都会产生的，这些研究有助于帮助理解人体的先天免疫系统是如何应对病原体的；斯坦曼则是发现了树突状细胞及其作用——激活T细胞，这构成了先天免疫系统与获得性免疫系统的桥梁。

机体要正常生活，就需要调节免疫系统活性，以应对机体中的变化。一方面，存在调节性T细胞，抑制免疫系统的反应。另一方面，很多免疫细胞表面存在“免疫检查点”，在与相应分子结合后，可以抑制免疫细胞的活性。我们知道，清除癌细胞是免疫系统的作用之一，为了抗击癌症，就需要提高机体的免疫系统活性。特别是，癌细胞会表达PD-L1，与T细胞上的免疫检查点之一PD-1结合，使得T细胞被抑制。于是，抑制这种负性调节，就成了肿瘤免疫治疗的新思路。2018年的诺贝尔生理学或医学奖就颁给了相关工作，艾利森（James Patrick Allison，1948—）和本庶佑（Honjo Tasuku，1942—）获奖，艾利森提出了免疫检查点的概念，并利用小鼠研究了CTLA-4①抗体的肿瘤治疗作用，本庶佑首

① T细胞表面的一种分子，免疫反应初期表达量很少，免疫反应后期上调表达量，与抗原呈递细胞表面的分子结合，抑制T细胞增殖。

次发现PD-1的负性调节作用。目前，已经有多个肿瘤免疫治疗药物被批准临床应用。

免疫学从20世纪至今，一直在蓬勃发展，我们的认识已经深入了许多。当然，还有很多问题需要继续研究，如今，免疫学依然是医学基础研究与应用研究中的热点领域。

## 9.4 基础微生物学

上述研究大多都属于应用微生物学的范畴，而正如巴斯德所强调的，基础微生物学（纯科学）也同样重要。基础科学与应用科学不同，不以解决迫在眉睫的实际问题为目标，而是单纯对自然界的规律进行探索。同时，两者并不是彼此孤立的，基础科学往往受到应用科学的影响，如从免疫疗法开始转入探究免疫机制；基础科学的研究成果也经常化为实际应用，如从土壤中微生物作用的研究发展出土壤微生物学，而后者对农业应用十分重要。

维诺格拉德斯基[2]（Sergei Winogradsky，1856—1953）对硫细菌进行了研究，发现它可以将硫化氢氧化为硫，以获取能量，并以二氧化碳为碳源。他指出这种微生物的代谢类型不同以往，是自养型微生物，后来又研究了铁细菌和硝化细菌，进一步验证了其理论。在此基础上，人们将微生物分为四种类型：化能异养、化能自养、光能异养和光能自养。他还是土壤微生物的奠基人。

拜耶林克[2]（Martinus Willem Beijerinck，1851—1931）用选择培养基分离到了两种固氮菌，圆褐固氮菌和活跃固氮菌，并证明蓝藻有固氮能力。他还成功分离出了豆科植物的根瘤菌并纯培养，这对于植物生理学来讲也是重要成就。

分类方面，人们逐渐认识到微生物的类群比19世纪初时认为的要多得多，其多样性之丰富不逊色于宏观世界。目前人们所知道的微生物包括真核生物（部分真菌、部分原生生物）、原核生物（细菌、黏菌、放线菌、螺旋体、支原体、衣原体、立克次氏体、蓝藻）、古核生物（古菌）和无细胞结构的生物（病毒与类病毒）。

病毒是十分特殊的一种微生物，虽然它是否属于生物一直存在争议，但它确实具有一些生物所具有的特征，是微生物学的研究对象之一。病毒太过微小，无法在光学显微镜下观察到，而且只能在活细胞内进行繁殖，无法通过常规培养基进行培养，所以人们对病毒的发现是比较晚的。虽然巴斯德研发狂犬病疫苗可以看作与病毒打交道，但当时并没有真正发现病毒，人类真正认识病毒是从烟草花叶病毒开始的。1892年，伊万诺夫斯基（Dmitri Ivanovsky，1864—1920）报道，患烟草花叶病叶片的汁液通过细菌过滤器后，依然可以引起感染，他认为这有两种可能的解释，一是细菌产生的毒素引起感染，二是病原体比细菌还要小[7]。1898年，拜耶林克也进行了研究，发现同样的结果。不过他进一步进行了研究，发现烟草花叶病原体在活植物体中可以繁殖，因为将过滤后的汁液稀释，它也能恢复原先的致病活性，这就说明病原体不是某种化学物质，而是一种可复制的生命体[45]。拜耶林克认为这是一种不同于细菌的微生物，它个体小于细菌，并且在宿主体外无法生长，并将其称为病毒（virus）。拜耶林克对病毒的认识与今天有所差别，他以为病毒是可溶的，virus一词一开始指的是“具有传染性的液体”，后来随着电子显微镜下病毒实体的发现，才转变为我们现在熟悉的概念。继植物病毒后，动物病毒和微生物病毒也陆续被报道，其中，细菌病毒被称为噬菌体，它在分子生物学的发展中大出风头。

随着技术的发展，人们逐渐认识到病毒是蛋白质衣壳与其包

裹着的核酸的组合体，两种生物大分子就能够呈现出如此的生命迹象，令人不可思议。对病毒的研究也加深了人们对生命的认识。弗伦克尔-康拉特（Heinz Ludwig Fraenkel-Conrat，1910—1999）进行了烟草花叶病毒重建实验，发现烟草花叶病毒的遗传物质是RNA，推翻了只有DNA是遗传物质的认知。RNA可以自我复制和RNA到DNA的逆转录，也都是通过对病毒的研究而发现的。后来，科学家们更是从细菌应对噬菌体的机制中挖掘出了CRISPR/Cas9，成为基因编辑的利器。

在病毒被发现后，人们又陆续发现了只含RNA的类病毒和只含蛋白质的朊病毒，后者又引发了对生命本质的争论，虽然朊病毒的“感染性”很可能是由蛋白质的带电性诱导其他蛋白质发生错误折叠而造成的，并不是生物性的，但相关机理还需要更多的深入研究。我们对生命越了解，发现的未知内容也就越多，探索是永无止境的。

# 第十章　进化生物学

1859年，达尔文的《物种起源》一书出版，标志着进化生物学的诞生。生物进化的观念不是始自达尔文的，但达尔文第一次提供了一整套严谨的进化机制，其核心思想时至今日依然令人信服。达尔文的进化论是一场科学革命，彻底地否定了上帝在生物界中的作用，同时也将人类从臆想中高高在上的宝座拉下，回归成为动物界的一员。进化论是生物学中对社会影响最大的学说，在各个领域它都被不厌其烦地提起，而这其中最经常出现的是误解或者滥用，提高国民对进化论的正确理解十分必要。

## 10.1 非进化的起源观念

如同每一种影响深远的理论一样，达尔文的进化论也不是无源之水。达尔文之前已经有了一些进化论的先驱者，或是一些并

不持生物进化观念，却直接或间接地影响了进化论产生的人物，我们先来介绍后者。

### 10.1.1 古希腊

关于古希腊的很多相关问题，我们在前面谈到过，在此做一回顾。

阿那克西曼德的生物起源论存在争议，有的学者认为它并不是进化论的前身，而是自然发生说的原型[8]。

恩培多克勒的生物起源论并不是达尔文自然选择的雏形[8]。

希波克拉底具有用进废退的获得性遗传观点，这一观点古已有之，拉马克后来只是以此解释进化机制。

从毕达哥拉斯到巴门尼德，哲学家对多变的现象背后的“不变实体”越来越重视，到了柏拉图这里达到了巅峰。柏拉图所持的观念是本质论的，强调“理念世界”的不变性，而我们所处的现实世界既然不过是理念世界拙劣的复制品，其是否变化也就根本不重要了。所以迈尔认为，柏拉图对进化论思想具有不利影响。

亚里士多德是一位伟大的博物学家，同时他也强调自然界的连续性，但是他从来不是一位进化论者，在他看来，自然界的连续性与固定不变毫不冲突，他指出的“由无生物经植物而最后形成动物”的自然阶梯是一种静态的概念[8]。不过，亚里士多德对进化论的产生依然十分重要，因为正是他一手创立了博物学，而进化生物学正是从博物学研究中诞生的。

### 10.1.2 基督教

11—14世纪，经院哲学家中存在着关于共相的争论，分裂成了唯名论与实在论两派，这种争论可以追溯到古希腊时期，但是在基督教内部发生的争论尤为重要。唯名论否定共相的客观存在，这实际上是对本质论的否定，迈尔认为“唯名论很可能就是种群思想的先导”[8]，这里所说的“种群思想”是指对群体中个体的重视，强调每一个个体的与众不同，而有了对个体的重视，才可能对固定不变的物种概念发起冲击。

文艺复兴时期前后的科学革命，并未影响到神创论。在著名的科学家——如波义耳和牛顿——看来，神所创造的世界是和谐的、完美的、由统一的机械规律所支配，这样的世界自然不存在什么进化的必要性和可能性，而笛卡尔专门强调了这一点[8]。不过，物理学家们的上帝已经远离了尘世，只是“第一推动力”，然后就不再插手，很大程度上是非人格化的规律之神。生物学家特别是博物学家们所信奉的上帝则更为关怀众生，博物学家往往具有自然神学信仰，它强调生物的适应性和彼此间的和谐。自然神学在英国长盛不衰，积累了许多“证明”上帝的智慧与仁慈的证据，在达尔文思想转变至进化观点后，这些证据就成了再好不过的进化论的证据。

### 10.1.3 对自然世界认识的变化

西方的传统世界观是不利于生物进化论形成的，除了造物主的设计这一核心论点，更重要的是，这种世界观下的世界是静止不变的，而且具有非常短暂的历史[8]。这样的世界既没有什么变化发生，也没有给生物进化留出必要的时间，所以，生物进化论的产生必须建立在打破这种传统的流行世界观的基础上。

天文学的发现使人们意识到一个辽阔宇宙的存在，望远镜不断改进，宇宙也显得益发无边无际。人们越来越认可宇宙无限的概念，亦即空间是无限的。随之而来的问题是，时间是否并不像基督教传统认识中那样短暂，而是与空间一样也是无限的呢？

另一方面，宇宙逐渐不再是个静止的存在了，康德（Immanuel Kant，1724—1804）首先系统地提出了宇宙演化的学说：一团混沌的星云中在旋转中逐渐形成了宇宙，亦即“星云假说”。从宇宙学开始，这个世界在人们的认识中从静止不变的转为运动发展的，这是传统世界观破裂的第一步[8]。

地质学研究则与我们赖以生存的地球更为息息相关，各种证据显示，地球远比圣经所描述的古老，同时它也不是一成不变的。地球在各种自然力量的影响下被塑造成了如今的模样，而这并不是结局，它依然在缓慢地、然而却是坚定地继续改变着。地球——亦即生物所生存的环境——会发生改变的观点对自然神学是一种巨大的打击。因为在他们看来，生物对环境的适应性是造物主伟大设计的结局，可如果环境会变化，这些由于造物主的慈悲而严格适应环境的生物要怎么办呢？

博物学的发展从两个方面冲击传统认识，一是生物多样性的发现，二是化石的发现[8]。博物学家热情探索自然，而随着地理大发现，他们的目光投向全世界，于是就发现生物的多样性远比想象中的丰富。一个问题是如此多的生物种类是如何被带进诺亚方舟的？另一个问题是世界各地的生物为何如此千差万别？而化石的问题对一部分神创论者来说更为棘手，那些古老的、与现在截然不同的生物到底怎样了？承认它们的灭绝就是对上帝全能或仁慈的否定，而否认它们的灭绝就不得不被迫在某种程度上承认生物是发展变化的。

### 10.1.4 布丰

布丰并不是一位进化论者，但是他被公认为进化论之父。他的影响主要在于他比前人都更为广泛并深刻地讨论了进化的相关问题，涉及的问题包括地球起源、地质年代、物种绝灭、动物区系、共同祖先、生殖隔离等[46]。他的有些观点是有利于进化论的，比如他推算出的地球年龄要远远大于圣经中的记载。而也有很多观点不利于进化论，比如他不相信共同祖先理论；他以生殖隔离来区分物种，而这一点在当时看来是物种不变的证据[8]，虽然我们今天已经有了新的解释；他将人类坚决地与动物分开，倒是他的老对手——被视为进化论头号敌人的林奈——将人类与猿和猴类默默地划到了一个目里[2]。但无论如何，正是由于他的讨论才使得这些与进化论有关的问题进入科学研究的领域，毕竟产生问题是科学研究的第一步。

布丰在思想上受到莱布尼茨的影响，强调自然界的连续性，这一点对拉马克产生了很大影响。不过布丰受牛顿影响也很深，视物理原因为影响生物分布的最重要原因，所以认为同一气候应产生相同的动植物，而低估了历史因素的影响[8]。这种观点对后来的生物地理学家影响很大，所以达尔文后来看到南美热带与温带的动物要比南美与非洲的动物更相似时感到十分惊讶。布丰创立了生物地理学，这方面的证据对达尔文的共同祖先理论十分重要。

## 10.2 从拉马克到达尔文

经过几个世纪的积累，到了18世纪末，人们的自然观已经发生了很大变化，世界处于演化之中的观念越来越为人们所接受，上帝从直接干预者退到了规律缔造者的位置。另一方面，博物学证据越来越多，现存生物的多样性和对环境的适应性令人惊奇，化石指出的古老生物世界与现实世界的差异也让人越来越无法忽视。进化论该是时候登上历史的舞台了。当然，要掀起这场革命，需要莫大的勇气，而第一位勇敢而坚定的进化论者就是法国

博物学家拉马克。

### 10.2.1 拉马克

拉马克是进化论的奠基人，他是第一位提出完整进化机制的进化论者，这与简单承认进化的事实是有质的区别的。拉马克是于1800年开始产生进化思想的，当时他已经55岁了，促使他转变观念的也许是对一些无脊椎动物化石的研究，这些化石显示了生物在历史上的变化，这种变化很缓慢，但确实存在[8]。

拉马克继承了自然阶梯的连续性概念，他的进化观点是一种线性的有方向性的进步式进化。虽然他后来也承认了分支系列的存在，但是这被他用来解释适应性，与共同祖先没什么关系。他的分支的起点是自然发生——这在当时是与神创论抗衡的唯一方法了——那些微小而简单的生物一旦产生便走上了进化之路[8]。

拉马克的进化机制包含相互独立的两个方面，但实际上它们是一体两面的[8]。一方面，生物具有“谋求更加复杂化的天赋”，“在相继产生各种各样的动物时，自然从最不完善或最简单的开始，以最完善的结束，这样就使得动物的结构逐渐变得更加复杂”。另一方面，生物具有对环境的变化作出反应的能力，随着环境的变化，生物也随之发生变化，亦即用进废退和获得性遗传。如前所述，用进废退和获得性遗传可以追溯到希波克拉底，同时也是当时很多学者所认可的观念，甚至达尔文都一定程度上采纳了获得性遗传的观点。但提起这两个词，人们首先想起的便是拉马克，他也为此承受了最多的批评，这是颇为不公平的一件事。

拉马克与达尔文在进化机制上的根本区别在于对环境变化和生物变异的先后顺序的认识，拉马克认为环境引起了生物需求的变化，进而产生适应性变异，达尔文则认为生物随机的变异在先，自然选择在后，变异不是由环境直接或间接引起的[8]。拉马克提出了“垂直进化”与“水平进化”，前者指物种间的线性进步式进化，后者指同一物种内多样性的产生，他关心的重点是“垂直进化”。涉及不同物种问题时，拉马克的变异是定向的，进化是线性的；而达尔文的变异是随机的，进化是分支的。

除达尔文以外，拉马克是影响最大的进化论思想倡导者，同时恐怕也是最为人所误解的一位。有两个观点并不属于他，却被很多人误认为是他的观点，需要进行澄清[8]。一是环境改变直接诱导出新性状，拉马克自己就否定过这种观点，他所描述的环境对生物的影响并非如此简单直接，而是一种生物适应性的体现。二是用进废退中含有意志的作用，这个误解一定程度上是由于法语“besoin”一词具有多义，在翻译成英语时错误地译为了“想要”（want）而不是“需要”（need）。

拉马克在生物学中引入了一种动态的世界图景，他还指出人类是由类人动物进化而产生的，这在当时需要相当大的勇气。他是无脊椎动物学的创始人，是“生物学”的命名人，是主张动植物存在一致性的先驱，代表作有《法国全境植物志》《无脊椎动物的系统》《动物学哲学》等。拉马克无愧于伟大二字，即使在他晚年双目失明的情况下，也继续靠着女儿记录坚持写作。他的思想在法国并未引起重视——很大程度上是由于居维叶的严厉批判——不过在英国与德国却广为人知，这为人们接受进化学说起到了积极的推动作用，但另一方面，拉马克学说普及后，反而变成了达尔文进化论和以孟德尔为代表的硬式遗传被广泛接受的障碍[8]。任何一个有价值的理论系统总是具有其启发性的，而如果它随着时间流逝还是一成不变，则总是会成为阻碍新的有启发性的理论的教条，这在历史上一再发生。所以，对历史人物与理论进行评价时要辩证分析，特别要注意不要脱离历史背景，不要因为

后人的错误而苛责古人，这是在中学生物教学中运用科学史材料时的原则。

### 10.2.2 居维叶

同为法国人，居维叶是进化论坚定的反对者，由于他的权威性，拉马克在法国几乎完全被忽视了。有学者认为，18世纪末的法国大革命过于激进，引起了人们的恐惧心理，这可能是进化论在法国没有市场的原因——人们更需要安定的世界而不是无穷无尽的变化[7]。不过拉马克正式提出进化思想是在1801年，产生进化思想也是在1799—1800年，晚于法国大革命。当然，同一社会事件对不同人的影响往往截然不同，上述观点也有其道理。

迈尔指出，居维叶反对进化学说主要有两点原因[8]：一是他发现生物具有不连续性，作为一名优秀的动物学家，他在不同的门间完全没有发现阶梯性的连续变化迹象，而拉马克用自然发生来解释这种不连续性，这是居维叶所不能接受的，他认为生物只能来源于生物。另一点更为重要，我们在第六章提到过，居维叶提出了器官相关的观点，在他看来，结构与功能是相适应的，而如此协调的结构与进化概念格格不入。生物的结构说明了它们在被上帝创造时的指定位置，例如鱼被指定生活于水域环境，“它们将居留在那里一直到事物的现存秩序遭到破坏为止”。居维叶不同意拉马克的习性改变引起结构变化的观点，相反，他认为只有结构改变了，功能才可能发生变化。从这个角度来看，居维叶对拉马克进化论的反对并非不可理喻，他的观点都是建立在自己研究成果基础上的，颇有其道理。不过我们今天已经可以用进化观点去解释他提出的这些问题了，不连续性是由于分支进化；基因突变造成结构变化，新的结构行使新的功能，形成新的适应性。

从今天的视角回头来看，居维叶实际上提供了很多的新知识来支持进化论。他对化石的研究十分精深，一手开创了古生物学，而化石是达尔文进化论的重要证据。居维叶还发现，不同地层具有不同类型的生物，并发现了很多灭绝现象。他用灾变论来解释这些现象，类似于诺亚时期的洪水造成生物的大灭绝。而对于新生物的产生要如何解释，他一开始认为这些生物是自世界上的其他地方而来的，但越来越多的证据显示，全世界的化石与地层的对应关系具有一致性，于是他采取了“鸵鸟策略”，因为他不能接受进化论，也不能接受把上帝一次又一次创造新生物这种神学观点引入科学的做法[8]。居维叶还是比较解剖学的创始人，这一领域也是达尔文共同祖先理论的重要证据来源。就这样，居维叶主观上阻碍，却在客观上促进了进化论的发展。

### 10.2.3 莱伊尔

英国地质学家莱伊尔（Charles Lyell，1797—1875）是对达尔文影响最大的人物之一，他认为自然力量的缓慢作用造就了今天的地质环境，奠定了现代地质学基础，他的代表著作《地质学原理》中有大量的生物地理与生态学知识。莱伊尔并不是一位进化论者，起码在了解到达尔文和华莱士（Alfred Russel Wallace，1823—1913）的学说之前还不是。莱伊尔对达尔文的影响在于对物种具体问题的重视，他指出了拉马克理论中含糊不清的部分，将重点从“垂直进化”相关的进步和完备性转移到了物种相关的讨论上。物种是如何绝灭的？新的物种是如何引入的？这些问题才是达尔文研究的中心问题，而不是“新物种是怎么比旧物种更进步的”。从这个角度上讲，达尔文的研究是建立在莱伊尔而非拉马克基础上的，虽然莱伊尔的解答是神创论的，但是他指明了道路[8]。

### 10.2.4 其他

达尔文的祖父伊拉兹马斯·达尔文（Erasmus Darwin，1731—1802）是持有进化观念的先驱者之一，不过他的思想不够系统，对达尔文和其他人也没有产生多大的影响[8]。他与拉马克一样持获得性遗传观点，这并不能说明谁模仿了谁，而只能说明获得性遗传在当时是何等流行的观点。

1844年，《自然创造史的遗迹》出版，这在当时是奇迹一般的畅销书。在时人看来，它离经叛道、臭名昭著，引来了很多知名学者的批评。估计作者也知道该书的争议性，所以是匿名发表的，后来才知道作者是英国的钱伯斯（Robert Chambers，1802—1871）——一位百科全书的著名编辑。钱伯斯将均变论引入生物进化论，同时关注的依然是不断进步的“垂直进化”，他对达尔文最大的影响在于，当时对《遗迹》的批评很多，达尔文从中意识到了自己提出的理论必须要能够回答所有这些批评[8]。

斯宾塞（Herbert Spencer，1820—1903）是进化观念的支持者，后来也是达尔文的积极支持者，但是他所带给达尔文的误解可能比其他人都大[8]。他开创了社会进化论，也就是所谓的社会达尔文主义，将“适者生存”概念用到社会学中，在最坏的情况下，这成了社会不平等、种族主义和帝国主义的理论依据。

## 10.3 达尔文及其进化论

### 10.3.1 达尔文生平

达尔文大概是最为世人所熟知的生物学家。他出生于英国的一个医生世家，早年曾被送去学医，但是他对医学不感兴趣，倒是对博物学很感兴趣。于是后来他又被送去学习神学，并希望自己能成为一名乡村教区牧师。在当时，很多牧师都是熟悉博物学的自然神学家[8]，我们会在生态学一章中谈到达尔文的一位偶像，他就是一名牧师。

1831年12月，达尔文以“博物学家”的身份，跟随英国政府组织“贝格尔号”军舰，开始了历时五年的漫长而又艰苦的环球考察活动，此时，他的思想完全是自然神学式的。在环球考察中，达尔文收集和积累了大量的资料，自然神学的观点受到了初步冲击。为什么南美和非洲大陆具有各具特色的种群？如果适应性是上帝造成的，人们会期待他在同样环境条件的所有地区创造出同样的物种，而不是现在这种结果。

达尔文在加拉帕格斯群岛上的经历至关重要，他从不同的岛屿上收集了大量标本。当地人可以根据海龟的壳识别出海龟所属的岛屿，达尔文一直在琢磨这个奇妙的事实是如何产生的。加拉帕格斯群岛上的某些鸟——后来被称为达尔文雀——对达尔文起到了重要的启发作用，他一开始采集标本时并未意识到这种重要性，在回国后请专家帮助鉴定标本，才意识到这些喙的形态差异极大的鸟类都属于同一科[47]。当达尔文提出成熟的进化机制后，这些问题就有了解释：当生长在南美的同一物种在加拉帕格斯各个岛屿被隔离后，来自原种的群体会变成不同的物种。每一个岛上的群体都适应了各自新的环境，具有了不同的形态，比如达尔文雀，就进化出了各具特色的喙型。最终，不同群体之间的差异大到一定程度，每一个岛上的种群便成了独特的物种。

回国之后，随着标本的进一步整理，达尔文逐渐转变观念，形成了进化观点，到了1837年夏天，他已经是无可置疑的进化论者。1838年他偶然读到了马尔萨斯（Thomas Robert Malthus，1766—1834）的《人口论》，受到了很大启发，那句启发他的话是“因此，可以很有把握地说，如果不遭到限制，人口将每隔25

年翻一番，或者说按几何级数增长”[8]。

也许是由于性格谨慎，也许是由于厌恶争论，当然更大的可能性是顾及到宗教因素下社会可能会产生的反对意见，达尔文并没有很快推出他的理论，到1844年他才写了230页的论文，并且没有发表。他前后历经20多年进行资料整理，慎重处理他的“物种的书”，并在此期间开展了关于藤壶的工作，成为声名鹊起的知名博物学家。达尔文进化论是逐渐完善的，特别是其中的关键机制——自然选择学说。多赖于此，它们逻辑严密，有理有据，比钱伯斯当年的《遗迹》要难以批评得多了。当然，即使如此，围绕着它们的批评也从来都不少。

华莱士是促使达尔文将他的进化理论公布于众的关键人物[8]。1855年，华莱士发表《控制新种引进的规律》，从地理角度入手，认为新的物种是从同一地区或紧邻地区的亲缘关系很近的物种起源的，这一研究思路与达尔文一致。莱伊尔看到该论文后很受触动，并开始和达尔文进行讨论，而达尔文此前由于知道自己的理论和莱伊尔是完全不同的，所以始终未和他讨论过相关问题。1856年4月。达尔文给莱伊尔写了一封长信描述自己的观点，莱伊尔并未完全理解，更未完全接受，但还是敦促他尽早发表，以防被人抢先。由于得到了身为权威的朋友莱伊尔的支持，同时证据也积累得差不多了，达尔文就于1856年5月开始动笔撰写他的“物种的书”。1858年6月，达尔文完成了十章半初稿，此时突然收到华莱士的信，信中附有《论变种极大地偏离原始类型的倾向》一文，并表示如果达尔文认为该文有价值，请转交给莱伊尔①。此前，达尔文与华莱士曾经有过信件往来，但是彼此都未提起过自然选择的问题，而这篇文章正是以自然选择解释物种

① 应该是要请莱伊尔帮助，推荐发表论文。

形成机制的。达尔文意识到，华莱士是完全独立提出自然选择学说的。他非常沮丧，将华莱士的手稿寄给莱伊尔，并在信中表达了对优先权不抱希望。莱伊尔和胡克尔（Joseph Dalton Hooker，1817—1911）都觉得这样放弃优先权太可惜了，他们将华莱士的论文和达尔文1844年论文的摘要以及他1857年9月抄录给哈佛大学一位植物学教授的摘要一并送交伦敦的林奈学会。于是，达尔文与华莱士就成了自然选择学说的共同独立提出者。

多年后有人为华莱士打抱不平，因为文章宣读顺序是达尔文在前，他们认为这一点并不公平。还有人指责达尔文对华莱士进行了抄袭，当然这完全是不存在的。实际上，华莱士自己并没有这种情绪，他为文章能够在如此重要的会议中顺利发表而开心，而在《物种起源》出版以后，他对该书极为佩服，承认自己无法完成这样一部巨著[48]。事实上，华莱士对达尔文可谓推崇备至，“达尔文主义”一词就是华莱士所提出的[2]。对于经常为优先权争得风度全无的科学家来说，达尔文与华莱士之间所发生的故事堪称佳话。

1858年的这两篇论文并未引起太大反响，原因也许是他们都没有论证进化本身，而是直接讨论起了机制，而这并未引起学界注意；也有可能是在当时，论文的影响力比不上书籍，而这样的书籍马上就会诞生了。1859年11月，《物种起源》正式出版。在这部书里，达尔文明确提出了进化思想，用证据和逻辑为自己的论点进行了辩护。书中描述，物种在不断变化，生命世界是演变的动态过程，而进化机制主要是自然选择。这一次，他引起了轩然大波，掀起了对进化论讨论的高潮，他有了很多坚定的支持者，当然也有了很多从各个不同角度提出抗议的坚定的反对者。1872年，达尔文又发表了《人类的由来与性选择》，这次引起的反响反而没有那么大，大概因为他先前的著作里已经很明显地暗

示了人类的起源机制，而性选择作为自然选择的补充机制，在当时并未得到广泛支持。随着对动物行为学研究的深入，达尔文提出的性选择越来越受到人们的重视，相关机理还有待进一步的深入研究。

### 10.3.2 达尔文进化论

达尔文进化论并不是一个简单的单一理论，其内涵丰富，由多个观点共同组成。现代综合生物进化论的领军人物之一迈尔认为，达尔文的进化论包括五个主要组成部分[8]：

（1）进化本身：从达尔文开始，人们争论的焦点从生物是否存在进化变为了生物进化的机制，也就是达尔文使人们接受了“生命世界是演变的而不是静止的”这一概念。

（2）共同祖先学说：达尔文指出，所有生物具有共同的原始祖先。共同祖先学说恢复了由居维叶所打破的自然界的连续性，这种连续性不再是前人心中的线性关系，而是由亲缘关系串起的系统发育树。共同祖先学说将人类从“万物的尺度”的超然位置拉了下来，亦即“废黜了人”[8]。

（3）渐进进化学说：达尔文认为，生物进化是缓慢的，也是连续的，这种渐变说是对骤变论的否定，而骤变论最初往往与神创论联系在一起。渐进进化学说的最大问题是缺乏过渡型化石的证据和无法解释某些时期的“物种大爆发”，如寒武纪大爆发①。关于上述两点问题，我们可以看到，在达尔文时代之后，过渡型化石已经逐渐被发现了，虽然相对来说还是为数尚少，但确实支持了渐进进化学说，而且人们也承认化石的缺乏不能说明历史上

① 云南澄江生物群是寒武纪大爆发的重要化石证据，由侯先光（1949—）1984年在云南澄江县帽天山首先发现，该化石群距今约5.7亿年，属寒武纪早期，包含大多数现生动物门类的远祖代表，这是20世纪最惊人的科学发现之一。

就不存在相应的物种；而关于寒武纪物种大爆发，其原因还存在着争议，有的学者认为地球环境在当时发生了变化，有的学者认为新出现的物种带来了更为复杂的生物种间关系，反过来推动了生物多样性的增加，还有的学者认为有性生殖是推动多样性增加的主要原因。当然，不论过渡型化石是否能够继续被发现，也无论物种大爆发的原因究竟是什么，时至今日，即使渐进进化学说需要被修正，我们也不可能再回到神创论的解释去了。

（4）物种形成学说：达尔文进化论中的主要问题就是讨论新物种的起源，他的进化论关心的是物种多样性，这与拉马克等早期进化论者完全不同。达尔文的进化是非定向的，充满了偶然性。达尔文进化论者提起进化性进步（Evolutionary progress）会很慎重[8]。实际上，有些学者认为，“进化”一词存在歧义的，更合适的说法是“演化”[46]。不过这一点学界还存在争论，因为进化确实存在着朝向更为适应当时所处环境的趋势，所以也有学者认为用“演化”体现不出这种味道[49]，我们会在后文批驳社会达尔文主义的部分再谈这个问题。关于不同物种，达尔文强调过不要用高等或低等这种词，虽然他自己也无法完全做到[46]，我们还是要加以注意。现在一般认为，新物种通过地理隔离与生殖隔离形成。

（5）自然选择学说：它包括由五个事实得出的三条推理[8]：

事实1：一切物种都具有如此强大的潜在繁殖能力，如果所有出生的个体又能成功地进行繁殖，则其种群的大小将按指数增长。

事实2：除较小的年度波动和偶尔发生的较大波动而外，种群一般是稳定的。

事实3：自然资源是有限的。在稳定的环境中，自然资源保持相对恒定。

推理1：由于所产生的个体数目超过了可供利用的资源的承

载能力，而种群大小却保持稳定不变，这就表明在种群的个体之间必然有激烈的生存竞争，结果是在每一世代的后裔中只有一部分，而且往往是很少的一部分生存下来。

上述来自种群生态学的事实一旦与某些遗传事实结合起来就导出了重要结论。

事实4：没有两个个体是完全相同的：实际情况是，每个种群都显示了极大的变异性。

事实5：这种变异的很大一部分是可以遗传的。

推理2：在生存竞争中生存下来并不是随意或偶然的，部分原因取决于生存下来的个体的遗传组成。这种并非一律相同的生存状态构成了自然选择过程。

推理三：这种自然选择过程经过许多世代将使种群不断逐渐变化，也就是说，导致进化，导致新种产生。

自然选择理论是建立在种群思想上的，也就是承认个体之间存在差别，这是物种发生变化的基础。该理论不是决定性的定律，而是一种概率性理论，也就是说，自然选择不会导致种群内所有的“适者”都存活下来并产生后代，也不会导致所有的“不适者”都在留下后代前死去。自然选择学说是达尔文进化论的核心之一，也是一直以来争论的焦点。目前看来，达尔文的自然选择理论的不足之处是过分强调了生存竞争。自然选择理论彻底排除了上帝在生命界的作用，亦即“废黜了上帝”[8]。

在华莱士、托马斯·赫胥黎（Thomas Henry Huxley，1825—1895）、魏斯曼、海克尔等人的大力支持下，达尔文进化论很快普及开来，成为最有影响力的生物学理论之一。恩格斯将它称为19世纪的自然科学三大发现之一。

## 10.4 进化论的发展

达尔文进化论最大的弱点在于遗传机制，根据当时流行的融合遗传理论，个体的变异会很快在几代后消失于种群中，而无法传递下去。对于个体的变异如何保存下去、逐代积累，达尔文并未提出很好的解释，甚至不得不回到获得性遗传。本来孟德尔遗传学是解决他的问题的好办法，但很可惜，他并不了解孟德尔的工作。更遗憾的是，1900年孟德尔遗传定律被再发现后，遗传学家们反而坚决反对达尔文进化论，他们认为进化的动力是突变，而自然选择无关紧要，博物学家对此自然不能赞同，结果20世纪初两大阵营间壁垒分明。

20世纪30年代以来，遗传学家与博物学家间的隔阂开始逐渐消失，人们逐渐认识到孟德尔遗传学与达尔文进化论的核心并不冲突，综合进化论应运而生，群体遗传学在这一过程中起了重要作用。1908年，哈迪（Godfrey Harold Hardy，1877—1947）与温伯格（Wilhelm Weinberg，1862—1937）各自独立提出了所谓的哈迪-温伯格定律，该定律指出："当一个大的孟德尔群体中的个体间进行随机交配，同时没有选择、没有突变、没有迁移和遗传漂变发生时，下一代基因型的频率将和前一代一样，于是这个群体被称为处于随机交配系统下的平衡中"[50]。这是群体遗传学的重要定律与理论基石，是现代生物进化论的有机组成部分，也是广大教师在进化部分的教学中经常涉及的内容。我们知道，达尔文进化论非常重视变异，变异为进化提供了原材料。孟德尔遗传学阐明了杂合体亲本的两个等位基因并未融合，它们在形成配子时彼此分离，各自独立地遗传给后代，从而为可遗传变异在世代间的稳定传递奠定了遗传学理论基础。而哈迪-温伯格定律则说明

了在群体水平上，这种可遗传变异的世代间传递也是稳定的。当满足条件时，“一个随机互交种群的遗传组成（等位基因频率与基因型频率）保持稳定不变，并非先前人们所理解的显性等位基因频率会不断升高，隐性等位基因频率会不断降低”[46]，“遗传本身并不改变基因频率”[50]。也就是说，对于一个不存在迁移的大种群来说，真正改变基因频率的最重要的力量是自然选择。理解了这一点，才能真正理解突变和自然选择、遗传和进化之间的关系。当然，从哈迪-温伯格定律的提出到综合进化论的诞生又经过了近30年的时间，很多科学家在这一过程中付出了自己的努力。

综合进化论的奠基人包括杜布赞斯基（Theodosius Dobzhansky，1900—1975）、迈尔、辛普森、斯特宾斯（George Ledyard Stebbins，1906—2000）、朱利安·赫胥黎（Julian Huxley，1887—1975）和伦施（Bernhard Rensch，1900—1990）等人[8]。现代综合进化论是当前进化理论的主流，也是我们在生物学教育中所学到和教授的理论。它对达尔文进化论做了以下修正：（1）遗传机制与现代遗传学一致；（2）种群是生物进化的基本单位，个体接受自然选择，基因突变与重组是变异来源；（3）地理隔离造成种群间基因交流断绝，久而久之实现生殖隔离；（4）不止生存竞争，生物之间的一切相互作用，不论其是种内关系还是种间关系，也不论其是正相互作用还是负相互作用，包括捕食、竞争、寄生、共生、合作等等，只要影响基因频率的变化就都具有进化价值。

1968年，日本学者木村资生（Kimura Motoo，1924—1994）提出中性学说，即大部分基因突变是中性的，自然选择对它们不起作用，靠长期的遗传漂变而实现进化。很多反达尔文进化论的著作都以此作为例证，实际上木村资生自己曾经表示，“中性说的提出并不是为了否定自然选择，而是为了说明达尔文并没有解释的分子层次的进化规律”[51]。对于生物的变异来讲，无害即是有利，不被淘汰就意味着成功，中性学说和自然选择并不矛盾。达尔文自己在《物种起源》中就曾说过：“一些既无用亦无害的变异，则不受自然选择的影响，它们会成为漂移不定的性状，大概一如我们在某些具多态性的物种中所见到的情形”[52]。当然，达尔文当时并不知道性状背后的分子机制，他的描述也仅是针对性状水平的“中性”性状，但我们同样可以从这个角度来理解遗传漂变与自然选择的关系。要注意的是，遗传漂变是不会造成适应性进化的，生物的适应性只能归因于自然选择。

“间断平衡”理论则是针对达尔文进化论中渐进进化学说提出了挑战，该理论由美国古生物学家埃尔德雷奇（Niles Eldredge，1943—）和古尔德（Stephen Jay Gould，1941—2002）提出。间断平衡说主要是为解释“物种大爆发”提出的，认为进化不是一个缓慢的连续渐变过程，而是长期的稳定与短暂的剧变交替的过程。现代综合进化论则认为，地质学上的“短暂剧变”实际上也是一个长期的过程[8]。不过，综合进化论承认进化不是匀速的，进化速度在不同生物、不同环境、不同时间是存在差别的，处于边缘的小种群进化速度就可以很快。

以科普作品而为大众所熟知的道金斯（Richard Dawkins，1941—）与社会生物学的开创者威尔逊（Edward Osborne Wilson，1929—2021）都是坚定的达尔文进化论者，但他们对自然选择的机制却有着不同的看法。道金斯提出“自私的基因”概念，强调个体选择，聚焦于基因水平；威尔逊则是群体选择的代言人，强调利他行为的作用，着眼于宏观水平。两位学者的理论本质上并不矛盾，可以看作在不同水平上对自然选择理论的补充与完善。

时至今日，进化论已经成为生物学的学科思想与底层逻辑，是所有生物学家共同遵循的范式，不论大家在细节上有什么争

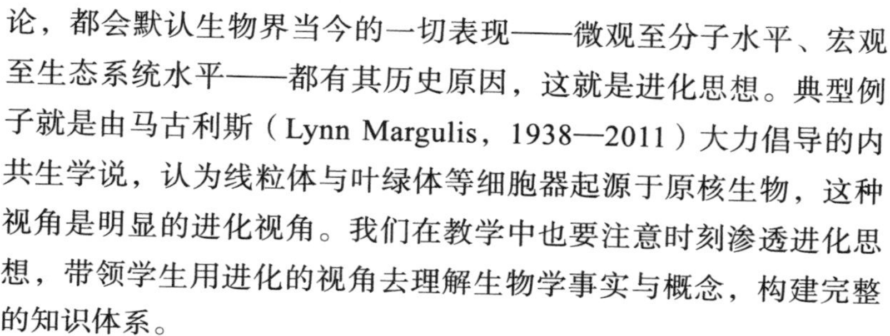

论，都会默认生物界当今的一切表现——微观至分子水平、宏观至生态系统水平——都有其历史原因，这就是进化思想。典型例子就是由马古利斯（Lynn Margulis，1938—2011）大力倡导的内共生学说，认为线粒体与叶绿体等细胞器起源于原核生物，这种视角是明显的进化视角。我们在教学中也要注意时刻渗透进化思想，带领学生用进化的视角去理解生物学事实与概念，构建完整的知识体系。

2022年，诺贝尔生理学或医学奖颁给了古人类基因学的开创者帕博（Svante Pääbo，1955—），他率领团队研究了尼安德特人的基因组序列，又发现了丹尼索瓦人这种先前未知的人种，还分析了我们智人历史上与尼安德特人和丹尼索瓦人之间的基因交流关系，为认识人类进化史做出了重要贡献。

## 10.5 批驳社会达尔文主义

在进行自然科学学科的教学时，我们总会谈到科学、技术与社会（STS）的相互关系，而在谈到科学与社会的关系时，往往会谈及科学对社会的影响。实际上，科学也同样会受到社会的影响，因为任何一位科学家都不是生活在真空当中的，自然会受到当时社会思潮的影响。以进化论为例：我们在拉马克这样的关注“进步式进化”的进化论者身上，可以明显看到启蒙主义对进步的认可与追求，这种思想无论是在古希腊还是在古代中国都并不存在，我国古代每次变法都要托古改制，正是因为人们普遍厚古薄今，其他文明古国也是类似的，人们并不觉得时代在走向进步，自然也不会产生进步式进化的思想。而达尔文虽然对进步式进化兴趣不大，但他的自然选择理论很可能受到了当时英国工业革命的影响，各种小作坊技术革新与相互竞争可能对他有一定启发，即使没有受到这种启发，他的理论源泉之一也肯定是马尔萨斯的理论，我们同样可以看到社会对科学的影响。反过来，进化论对社会的影响更是广泛而深刻。达尔文进化论无疑是对社会影响最大的生物学理论，我们会自觉不自觉地运用相关的语言与思想，这是很正常的。但是，有些人会将生物进化论照搬到现实社会中，认为社会也应该遵循相应的“法则”，这就形成了所谓的社会达尔文主义，造成了对进化论的误读与滥用。

社会达尔文主义在不同国家有着不同的表现。19世纪末，严复翻译《天演论》，将进化论带入了中国。这本书并不是译自《物种起源》，而是译自托马斯·赫胥黎的《进化论与伦理学》的前半部分。当时正值清朝末年，国家在列强面前一败涂地，有识之士均忧心不已，于是《天演论》一经出版，就很快风行全国，“物竞天择，适者生存”的观点激起了人们救亡图存的热情。所以，社会达尔文主义在我国，从一开始就是与“弱者”的自强、自救、自我勉励分不开的，也就没有特别坏的名声。但在其他一些国家，事情有不同的发展。斯宾塞在美国影响巨大，他的社会达尔文主义观点在美国成了强者自我辩护的理由，持有相应观点的人甚至反对政府救济穷人。优生学曾盛行于20世纪上半叶的美国，这可以看作社会达尔文主义的一个标志。优生学由高尔顿（Francis Galton，1822—1911）创立，他倡导的是具有“优良基因”的家族间应当通婚。在传入美国后，优生学迅速转变为对具有“不良基因”的人群——流浪汉、妓女、精神病人、智力低下者等——的绝育处理，而执行者是国家。《基因传》中记载了这样一个故事[53]：一位单身母亲独自抚养女儿，穷困潦倒，但还能生活下去。后来母亲被抓，送入智障收容所，女儿进入寄养家庭，在几年后不幸被养父母的侄子强奸并怀孕。养父母将这个女孩带到市政法官面前，希望她也被判为弱智（当时的包括范围很广泛，包括精神病人等），他们成功了。虽然这个女孩小时候的学校成绩单显示她一切正常，进入收容所后的检查报告也显示“没有证据支持精神病的诊断”，但法庭还是凭借着社工对她生下的女婴的模糊印象，做出“三代智障已经足够”的决断，判定了对这个女孩进行绝育。在当时的美国，这样的惨剧恐怕仅是管中窥豹。但这还不是社会达尔文主义所能造成的最悲惨的事件，在德国，这种思潮被纳粹主义所利用，带来了有计划的种族大屠杀，也带来了受害者众多的“生命之泉”计划。二战结束后，社会达尔文主义已经臭名昭著，成为一个贬义词。

从社会达尔文主义产生以来，就有学者对其感到不安，并从不同角度提出了批判。赫胥黎在《进化论与伦理学》的后半部分强调了人类社会与生物世界的差别，人类具有道德，这种道德使我们能够同情弱者，建立一个和谐的社会。而俄国学者克鲁泡特金（Pyotr Alexeyevich Kropotkin，1842—1921）则强调动物世界中存在互助、存在利他行为，认为这是人类社会可以实现互助的生物学依据。上述两位学者虽然一个关注的是人类与其他生物的不同点，一个关注的是人类与其他生物的相同点，但都反对在人类社会中片面强调竞争、追求“强”的社会达尔文主义思想。

那么，从达尔文进化论本身出发，我们能否对社会达尔文主义做出批驳呢？答案是肯定的。社会达尔文主义的观念是一元的、线性的、强者通吃的，而达尔文进化论本身并非如此。

（1）“进化”不等于“进步”。在社会达尔文主义看来，“进化”就意味着进步。但我们在前文提到过，达尔文的“进化”并不怎么强调进步，他在最早的一版《物种起源》中，使用的是“descent with modification”，一般译作兼变传衍，强调的是变异与遗传，对方向性做了模糊处理；后来使用了“evolution”一词，带有了一定方向性，但这种方向性也不是一元线性的，而是树状的，“我相信这株巨大的‘生命之树’的代代相传亦复如此，它用残枝败干充填了地壳，并用不断分叉的、美丽的枝条装扮了大地”[52]。前文也提到过，“evolution”应该如何翻译，学界存在着争论。本书认为，两种译法都是有其合理性的，因为生物在演变过程中的确有着更适应当时环境的趋势，但这种趋势不是绝对的，而环境本身也在不断变化。所以，我们不论使用“进化”还是“演化”，都应该抓住概念内涵，明确达尔文的“进化”和他的前辈们并不相同，并不能和“进步”画等号。如果能理解到这种程度，使用哪种说法也就没有那么重要了。

（2）生物学中的“适者”不等于人类社会中的“强者”。人类所追求的“强者”并不具有统一属性，在不同人那里，“强者”可能是有钱人、当权者、身体强壮的大力士、满腹经纶的知识分子等，但恐怕很少会有人给出这样的结论：强者是指有更多孩子的人。但生物学中的“适者”正是这样的概念，进化生物学中有“适合度”一词，指的是生物个体存活下来并将基因传递到后代的能力。可见，直接照搬生物学概念，本身就是不合适的。而且，人类社会中的“强”，即使其评价标准在不同社会中存在差别，也往往会指向对某一目标的无止境的追求，还是偏向于单一。而生物界中的所谓“适者”发展方向却要丰富得多，因为变异本身就是随机的，环境也是多种多样的，可能存在的发展道路就有很多条。甚至于在生物界中，有时所谓的“退化”也是一种“进化”，这样的例子很多，例如我们常用“由水生到陆生”，但鲸的祖先就从陆地回到了水中，同样适应得很好。生物界的“适者”并没有特定的方向，只要能够适应于当时的环境，就都是实时状态下的赢家，这与社会达尔文主义者所追求的“强”是有差异的。

（3）适应是不完美的。在生态学中，存在着“trade off”一

词，一般译为权衡，讲的是生物的不同性状间的关系。简言之，任何生物都不可能各个性状都很理想，通俗地说就是不能“既要、又要、还要”。这方面的例子比比皆是，比如生长与繁殖有时就是一对矛盾体，很多动物在性选择方面受青睐的特征会给他们的生存带来困难，雄孔雀美丽的长尾巴和公鹿的巨型鹿角是两个非常典型的例子；再比如，猎豹奔跑非常迅捷，这就必然伴随着较轻的体重，导致它们的身体强度不如其他顶级掠食者；再举一个人类的例子，直立行走是人类历史上的一件大事，它带来了手脚分工，才有后面的利用工具与创造文明，直至今天的一切成就，但是，直立行走这种姿态也带来了较重的脊椎负担，现代人中颈椎或腰椎出问题的比例颇高。总之，生物界中的“适者”远没有社会达尔文主义者想象的那么完美。更重要的是，环境是一直在变化的，当环境剧烈变化时，原先适应得最好的物种反而会首先迎来灭绝。所以，社会达尔文主义所追求的那种“成功”，本就不是自然界中的常态。

（4）“竞争”不是唯一的出路。社会达尔文主义往往用“物竞天择”来为人与人之间的不平等和不宽容辩护，但实际上，达尔文所讲的生存斗争本身就并不仅仅包括种内竞争，而是还包括各种种间关系，以及非生物环境因素对生物的影响[52]。现代达尔文主义更是在此基础之上，关注到了合作的重要性。真正的进化论者并不会仅将目光投注到物种内部个体间的竞争上，而是会看到更开阔的可能性。另外，真正的自然界中也并不是只有你死我活这一种出路，个体变异是随机的，环境又如此多种多样，这就带来了生态位的分化与生物多样性的产生，由单一类型的共同祖先不断辐射进化，最终形成我们今天看到的生物多样性极其丰富的世界，正如达尔文所说，“生命如是之观，何等壮丽恢弘”[52]。

综上所述，社会达尔文主义是对进化论的误读，其核心精神与达尔文的思想并不相同，我们要注意辨析。

## 10.6 硬核不变——例说科学研究纲领方法论

达尔文进化论从一开始就广受争议，直到今天，争论依然没有消失，市场上、网络上存在着大量的反达尔文著作和“学说”，而达尔文进化论也确实经历了很多修正。那么达尔文的理论到底对不对？它在多大程度上被推翻了？这是每一个接触到反达尔文书籍或文章的人都会产生的疑问，即使是生物专业的本科生或研究生。而由于获取信息的方便，如今的中学生更是很容易产生迷茫，甚至会由达尔文的某一项理论被否定而产生全盘否定的想法。对于这种情况，借助科学研究纲领方法论来澄清科学理论是有效的，也是必要的。

科学研究纲领方法论是由科学哲学家拉卡托斯（Imre Lakatos，1922—1974）所提出的。他认为研究纲领不是单一的理论，而是由某种信念支配的整个理论系列，这一概念接近于库恩的范式。另一方面，研究纲领中的种种理论不是等价的，具有精致的结构，分为“硬核”与“保护带”，研究纲领可以调整保护带的辅助假说，以保证硬核的核心假说不受伤害。换句话说，只有硬核也被击溃了，才算发生了库恩所说的范式转换。

对于达尔文进化论，我国科学哲学家桂起权（1940—2023）将五个组成部分中的“进化本身”和“自然选择学说”视为核心假说，因为不承认进化，进化论就无从谈起了，而自然选择是达尔文进化论的进化机制同时也是最大特点；“共同祖先学说”是核心假说的推论；“渐进进化学说”和“物种形成学说”是辅助假说[51]。

在此基础上，本书认为“物种形成学说”也是达尔文进化论

的核心之一，因为先前模糊的进步观念和拉马克的进化论持有的都是线性的进步进化论，而达尔文进化论的特点是注重多样性的产生，这种多样性是趋异的结果，不是线性的，这也是现代综合进化论典型代表迈尔所着重强调的一点[8]。正是这一点将真正的达尔文进化论与社会达尔文主义截然分开，同时也成为生态伦理学中非人类中心论者的理论基础。另外，自然选择学说本身就是很复杂的一个小研究纲领，它的核心在于承认变异而且变异受到自然因素的选择，具体如何变异、什么因素来进行选择、怎样选择，都属于辅助假说。

分析到这里，问题就变得清晰了，达尔文进化论在20世纪的修正，都是针对其辅助假说，而保护带这样调整后，核心假说也就更为坚固了。如前所述，中性学说与自然选择并不矛盾；间断平衡论针对的是辅助假说，而且也并没有对辅助假说完全推翻，更多的是进行了修正。教师要在教学中注意引导学生理解达尔文进化论中的精髓与核心，这样有助于他们在接触到一些为“智慧设计论”张目的书籍和文章时批判阅读，因为那些文章中所提出的反例和批驳中，凡是看上去颇有道理的，基本上都是针对辅助假说的。

我们希望学生不盲从权威，但也不被一些“新奇的学说”所煽动，要达到这一点，培养学生独立思考的能力是最重要的，需要我们在每一节课中加强设计，用好各种科学史材料。

# 第十一章　遗传学

遗传学是一门既古老又年轻的学科。随着人们对动植物驯化的开始，古人对于生物世代间性状的传递和遗传变异问题就已经有所认识。但直到孟德尔遗传定律于1900年被重新发现，遗传学才开始成为独立学科，并且于1905年由英国遗传学家贝特森（William Bateson，1861—1926）提出了“遗传学”（genetics）术语[2]。在历史上，遗传学、胚胎学和进化论曾关联密切，遗传学也并不是独立学科，但一经独立，它就很快展现了强大的生命力，成长为了新兴的重要学科。现代遗传学与多个学科关系密切，发展出了细胞遗传学、分子遗传学、免疫遗传学、发生遗传学、生态遗传学、进化遗传学等许多分支学科，并都属于现代科学研究的热点。

## 11.1 孟德尔之前的遗传学

### 11.1.1 19 世纪之前

古人对生物遗传变异方面的知识主要来自对动植物的驯化，并以此研究出一定的培养变异并保持下来的方法。中国古话“种瓜得瓜、种豆得豆”讲的是性状的遗传，而“龙生九子各不相同”讲的则是变异，说明古人对这两方面已经都有所认识了。不过中国对于这些方面的探讨，主要是为了生产实践，而不是为了理论研究。中国古代培育出了很多新奇的花卉，还总结出很多保留作物良种的方法，其他古文明也有类似的情况。同时人们还将性状可遗传这种认识应用于自身，所以很多古代的王公贵族都是推崇近亲婚配的，认为这样可以将优良的特性一直保留下去。

古希腊罗马的情况在胚胎学的部分已经介绍过了，在这里强调一下泛生论。泛生论历史悠久，在希波克拉底那里成型并明确提出，达尔文也依然持改良的泛生论观点。这种观点认为遗传物质来自全身的所有细胞，我们可以推知，伴随这种理论的遗传机制就是获得性遗传。

中世纪和文艺复兴时期在遗传学方面没有多少进展。17—18世纪，争论则主要集中在预成论和渐成论上。也有个别科学家进行了一些杂交实验，比如列文虎克发现了$F_1$代的显性现象，但没有引起什么注意，科学家自己也没有加以重视[2]。

德国科学家科尔罗伊德（Joseph Gottlieb Kölreuter，1733—1806）发展了植物杂交技术，将母本植物的花药去除，人工授粉后罩起来，以防止外源花粉影响。他相信物种不变，想要探究自然界如何防止杂交，所以实际上是想利用植物杂交来研究物种问题[2]。不过他的研究方法与时人大不相同，本质上开创了用植物杂交实验研究植物遗传和变异问题的先河。除了研究目的与后世的遗传学研究不同以外，科尔罗伊德使用的材料还大多是多倍体的，而多倍体的遗传现象太过复杂，很难解释，导致他没有得出非常重要的研究结论。

### 11.1.2 19世纪的植物杂交研究

科尔罗伊德之后，孟德尔之前，很多人进行了植物杂交实验[2]，其中有些很可能对孟德尔具有影响。目前的教材对这些研究提及很少，仅作为孟德尔成功的对比对象一带而过，再加上孟德尔定律三十余年不受重视，很容易让学生产生天才横空出世，不受世人理解，最终悲情落幕等等与史实有微妙差别的错觉。实际上任何一项科学研究的成果，都离不开对前人工作的借鉴，同时也离不开科学家个人的创造性，片面强调哪一个方面都是有失偏颇的。所以建议教师在教学中加入这些前人植物杂交实验材料的介绍，以利于学生理解科学研究是建立在前人基础上的创新这一事实，并且也利于学生更深刻地体会孟德尔研究的独特性。

奈特（Thomas Andrew Knight，1759—1838）发现豌豆是植物杂交实验的好材料：严格自花授粉、性状差异明显、易栽培等。他在研究豌豆时，使用了去雄后人工授粉的方法，后来孟德尔用的也是这种方法。奈特发现灰色花与白色花杂交，子一代为灰色花，还进行了回交实验，发现子一代与亲本回交后又出现了灰色花与白色花两种性状。

1826年，萨叶里（Augustin Sageret，1763—1851）首次明确地将亲本性状分为一组组的相对性状，并明确地提出“显性”的概念，即子一代表现出的亲本性状为显性性状。他还发现，子一代自交后，子二代又出现了亲本的隐性性状。

格特纳（Carl Friedrich Von Gärtner，1772—1850）著有3卷本

的《植物杂交的实验与观察》，书中记述了前人的很多工作，也记载了他自己的大量工作，他用700种物种进行了大量研究，获得了250种不同的变种。达尔文和孟德尔都详细阅读过该书，孟德尔很可能通过它了解到了前人的工作。

诺丁（Charles Naudin，1815—1899）的研究已经很接近孟德尔了，他发现子一代性状相同，子二代性状重组，既有与亲本父本相同的性状，也有与母本相同的性状，还有亲本所没有的性状。

以上所有植物杂交实验都未进行过统计分析，因为在当时统计分析并不流行，数学与生物学看上去并无关系。而且研究者们很大程度上使用的都是简单的归纳法，从这种基本不加分析的归纳法中是无法自然地产生知识的。最重要的是，这些研究者大多关注的都是物种的整体变化，对于性状的分布兴趣不大[8]。

### 11.1.3 19世纪遗传理论①

19世纪后半叶遗传学的研究是与两个学科的研究密切相关的，即胚胎学和进化生物学，同时细胞生物学的进展对遗传学来讲至关重要。

当时，针对细胞质和细胞核中的结构成分，特别是针对遗传的物质基础，人们产生了很多猜测，这些猜测很多是臆想性的，并且受到那些严谨的学者的反对。不过，虽然这些猜测大多是错误的，但它们指明了研究的方向，提出问题往往比回答问题更重要。

在这些猜测中，人们往往都假定细胞中含有一些颗粒，或者

---

① 孟德尔于1865年公开、1866年发表了他的论文，所以这一时期的遗传学研究很多是在孟德尔发表论文之后进行的，但是由于1900年孟德尔定律才受到广泛重视，这一时期的研究并未受到他的影响，所以相关介绍同样归入本节。

全部由颗粒组成。这些颗粒控制个体发育（胚胎学的关注点）并在世代间传递（进化论的关注点），它们能够自我复制，并且为了进化所需的变异，它们或者具有不断变化的能力（即“软式”遗传），或者几乎固定不变，但不会完全不变（即“硬式”遗传）[8]。在此简单介绍达尔文和魏斯曼的理论，德弗里斯的观点会在后文中介绍。

达尔文的泛生论被称为“第一个面面俱到的而且内容一致的遗传学说”[8]，与希波克拉底时期一直流传下来的泛生论不同，他的这一学说实际上包含两点：一是细胞中存在大量不同种类的“微芽”，二是体细胞的“微芽”可以“运输”到生殖细胞。后者可以追溯到希波克拉底，而且是用来解释获得性遗传的，而前者才是达尔文泛生论中最重要的成分，后来高尔顿、德弗里斯和魏斯曼都受到了该学说的影响。“运输假说”被达尔文的表弟高尔顿所否定，他做了一个输血实验，将一只兔子的血液输进不同毛色的兔子体内，结果被输血兔子后代的毛色没有受到影响[8]。高尔顿是生物统计学派的创始人，也是优生学之父，他之所以要进行这个实验，目的是要否定后天因素对性状的影响，因为他自己倾向于人的智力与能取得的成就是受先天遗传因素决定的①。出于对人类智力、身高等因素的关注，高尔顿特别关心这类连续变异，这在未来会成为进化论者与遗传学家的争论点。达尔文和高尔顿都倾向于硬式遗传，但也都没有彻底否定软式遗传，他们都没有意识到细胞核在遗传中的重要作用[8]。

细胞核是遗传的载体这一点是由魏斯曼、赫特维希和斯特拉斯伯格于1883年和1884年分别论证的，他们公认海克尔是提出细

① 高尔顿掀起了对教育中的“先天与后天”因素哪个更重要的讨论，现在一般认为，两者在儿童发展中都有作用，不能片面看待。

胞核功能的先驱[8]。赫特维希和斯特拉斯伯格还分别在动物和植物中发现了受精现象，即精子进入卵细胞，并且细胞核融合。而魏斯曼彻底否定了获得性遗传，并提出了著名的种质理论。另外，瑞士植物学家耐格里注意到，卵与精子大小相差很多，但遗传贡献相当，他据此进行推测，认为原生质包括普通的营养原生质和与遗传有关的“异胞质”，但他并未将细胞核看为“异胞质”，而是认为“异胞质”是“细胞到细胞的长索状物质”[8]。由此可见，正确的观察未必能导致正确的结论。

魏斯曼的种质理论[8]认为生物体分为体质和种质，只有种质才可以在世代间进行传递，体质则在个体死亡后消失，这一理论必然导向对获得性遗传的否定。他将细胞分为体质细胞和种质细胞，体质细胞发生有丝分裂，并认为种质细胞会发生染色体数目的减半，即预言了减数分裂，这一预言很快被证实了。为彻底否定获得性遗传，魏斯曼进行了著名的小鼠割尾实验，结果发现，22代后的小鼠尾巴依然正常，反映出体质细胞的变异不能影响种质细胞，于是从理论和实践上共同否定了获得性遗传。魏斯曼有一整套颇为复杂的遗传理论，他和孟德尔最大的区别在于，魏斯曼认为单个细胞中可能含有控制某一性状遗传因子的大量复制体，而孟德尔认为体细胞中只有两个复制体，在配子中则只有一个，这一区别正是孟德尔遗传学的精髓。魏斯曼还将种质理论用于解释胚胎发育，他认为胚胎发育过程中的细胞分化有两种可能的机制：一是种质中的遗传因子逐渐分割到体质细胞中去，不同的遗传物质决定发育形成不同的细胞；二是全部遗传因子都进入新细胞，但只对激活细胞特性的特定刺激起反应。魏斯曼选择了前者，而现在我们都知道实际上后者才更为正确，细胞分化的本质是基因的选择性表达。

## 11.2 孟德尔

### 11.2.1 孟德尔生平

1822年，孟德尔出生于奥地利的一个小村庄（现属捷克），他自幼聪明好学，成绩优秀，对数学和物理学很感兴趣。他也很有抱负，这可以从他十几岁时在文理中学读书时写的诗中看出，这首诗是歌颂印刷术的，诗的最后写道，“尘世间最大的快乐，人间幸福的最高目标/赐予我命运的力量/如果我来生有灵，会高兴看到/我的发明在后代中颂扬！”[54]，这是在歌颂印刷术，又何尝不是暗合了他自己未来的成就？

1843年，为了继续求学，而不是出于宗教信仰，家境贫寒的孟德尔成为一名修士，进入了位于布尔诺的圣托马斯修道院，该修道院有着自然科学研究的良好传统，孟德尔在那里学到了不少植物学知识和植物杂交技术。修道院的院长始终支持孟德尔的学业与研究，并安排他在1849年成为了一所中学的代课教师，比起牧师，这个工作明显更适合他。孟德尔在中学任教期间表现良好，并在1850年参加了教师资格的考试，如果考试通过，他就可以成为一名正式教师了。但很遗憾，他在考试中表现得不够好，暴露出了基础薄弱的缺点，物理学方面还好，博物学方面在考官看来就一塌糊涂了，不过，主考官们还是给予了他深造学习后可以再来参加考试的证书，主考官之一还建议孟德尔所在的修道院院长送他去上大学[54]。

1851年起，为了获取自然科学正式教师的资格，孟德尔以非正式学生的身份在维也纳大学学习了三年，其间学习的课程包括物理、化学、动物学、植物学、植物生理、古生物学和数学等。他在大学内学习到了高等数学，又跟著名的物理学家多普勒

（Christian Johann Doppler，1803—1853）学习到了假说-演绎的研究方法[54]。大学里的教授之一温格（Franz Unger，1800—1870）对植物杂交颇有兴趣，认为杂交是新物种的一种来源[7]，孟德尔很可能受到了他的影响。在大学期间，孟德尔还学会了科研论文的写作与发表，迈出了成为一名科学家的第一步。

1854年，孟德尔得到了一个在中学长期兼职代课的职位，并在1856年再次参加了教师资格考试，可惜依然没有通过，甚至没有拿到考试成绩。关于他考试失利的原因，存在两种说法，一是孟德尔身体不好，在压力下病倒了，未能参加考试；二是他参加了考试，但是在自然史（即博物学）考试中与考官发生了冲突，被取消了考试资格[54]。关于后者，有的书上说他的考官是一位精源论者，孟德尔可能与他发生了争论[55]。无论原因究竟是什么，现在已无从考证，孟德尔也没有再参加过教师资格考试。他在兼职代课岗位上表现很好，后来就一边在中学授课，一边在修道院中进行科学研究，长达12年，直到当选为修道院院长才停止了教学工作。

回到布尔诺后，孟德尔开始了植物杂交方面的实验，他先前也曾经进行过小鼠实验的准备，不过由于涉及动物的性问题，还是被当地主教禁止了[54]。孟德尔的植物杂交实验涉及了多个物种，最著名的是关于豌豆的实验，该实验进行了八年之久。1865年，他在布尔诺自然史学会会议上汇报了自己的研究结果，1866年《植物杂交实验》这篇划时代的著名论文发表于学会会刊，但是基本没有引起反响。他还对气象学和养蜂都有兴趣，每天记录温度、湿度、雨量等信息，这方面的观察充分展示了他的认真严谨。1868年，孟德尔当选为修道院院长，此后繁忙的管理事务使他再也没有那么多的闲暇时间来进行科学研究了。1875年，他与政府就修道院财产税收问题发生了冲突，并影响了健康。1884

年，孟德尔因心脏病和肾炎而死亡，参加他的葬礼的人很多，人们是来悼念一位令人敬重的修道院院长、一位优秀的教师、一位社会活动的热心人士、一名自然科学研究的促进者，但即使是最后这个身份，也是由于他身兼一些学会的会员工作，没有人真正知道他个人完成了何等开创性的科学事业。孟德尔的继任者与家人都不了解他工作的意义，为了与政府达成和解，也为了防止他在去世后再遭人攻击，他的大部分私人文件都被销毁掉了，这也导致科学史家对孟德尔进行研究时，由于缺乏原始资料而非常苦恼。

### 11.2.2 对孟德尔理论的分析

孟德尔的著名实验在每一版教材上都描述得很清楚，在此不再赘述，只是要讨论三个问题：

（1）孟德尔取得成功的原因

一般来讲，人们会将孟德尔的成功归因于恰当的实验材料的选择、数据统计方法与假说-演绎法的运用。这三者当然都在他的研究中起到了重要作用，不过，我们还是可以分析出最为重要的那个因素。

孟德尔选择豌豆作为实验材料，这对他的研究确实颇为重要。因为他其实也用过别的实验材料，如山柳菊，研究结果很不理想。不过，以豌豆作为植物杂交的研究对象，并非孟德尔首创。前文提到过，奈特已经发现了豌豆是研究植物杂交的良好材料。同时，在孟德尔之前与之后，使用豌豆进行研究的学者有很多，但取得孟德尔的成就的则只有他自己。所以，实验材料的选择并非最重要的决定性因素。

数据统计在孟德尔的研究中也很重要。他的实验结果中，很多现象前人都已经发现了，包括子一代呈显性性状、子二代性状

分离并存在自由组合现象、回交后子代性状再次回归到亲本性状等。但这些学者都没有进行数据统计，只有孟德尔做了这项工作，进而指出了3∶1的著名比例。孟德尔会想到将数据结果进行统计，与他的数学和物理学背景是分不开的，另外，与孟德尔有过交流的一位牧师在养蜂的工作中应用过数据分析，可能对他有所影响。数据统计是孟德尔的习惯，因为他对气象数据的记录和分析也呈现出同样的模式。不过，虽然在孟德尔之前没有人用统计方法研究遗传问题，但是在高尔顿开创生物统计学后，进行统计分析的人并不少。孟德尔的再发现者之一德弗里斯曾经用77.5%∶22.5%∶75.5%∶24.5%来表达他的数据结果[8]，这个结果让任何一名中学生来看，都会将其看作3∶1∶3∶1，但德弗里斯并没有，可见仅有数据统计并不能保证研究的成功。

那么，孟德尔能够取得成功，最关键的是什么呢？答案是假说-演绎法中正确的假说。孟德尔在遗传学理论方面与同时代的学者有着不同的观点，其他学者——达尔文、魏斯曼、高尔顿、德弗里斯等——基本都认为，性状受来自亲本配子的同一遗传因子的大量复制体控制，而孟德尔认为，控制某相对性状的遗传因子只有两个，一个来自父本，一个来自母本。这个观点应该不是来自对数据统计结果的直接分析，因为3∶1的数字规律并非想象中这么明显，持有“亲本配子中有某性状对应遗传因子的大量复制体，这许多遗传因子共同决定子代的性状”观点的科学家不会将787∶277或705∶224这样的比例视作3∶1，因为他们不觉得杂交后代的性状会有什么一成不变的比值，这也正是德弗里斯没能用3∶1来表征研究结果的原因。

我们在中学教学中谈到孟德尔使用假说-演绎法时，指的都是测交实验。但实际上，孟德尔的研究极有可能是从一开始就已经具有成型假说的，也就是说，不仅测交实验，他的整个实验都建立在他的遗传观点基础之上，从头到尾都在应用假说-演绎法。否则，我们无法解释他的材料选择、性状选择、实验设计与方法为何如此恰到好处，而且如果缺乏假设，他也不可能在一种植物上花费如此大的精力：历时八年，种植与检测超过28000棵植株，研究7对性状[7]。孟德尔看似很幸运，因为他所挑选的7对性状都是由单个基因控制的性状，而且基因彼此独立，没有明显的连锁现象，但很可能这些性状是他为了验证自己的假设而特意挑选的。

假说-演绎法在孟德尔的研究中起到了重要作用，他之前的植物杂交学家，如格特纳，使用的是归纳法，取得了大量结果，却没有得出建设性的结论；而停留在假说也是不行的，如耐格里，他有丰富的想象力和推理力，但却没有通过实验去验证理论是否正确的念头[8]。当然，孟德尔不可能是凭空对假说进行想象的，他的假说很可能是建立在对前人研究成果的推论上的，或者是在一些初步的育种实验后形成的。

（2）孟德尔的主要贡献

很多材料认为，孟德尔的贡献在于用颗粒遗传否定了融合遗传。但是，正如前面所提到的，19世纪后期提出遗传学理论的很多学者都持颗粒遗传观点，这不是孟德尔的独家学说。而且，颗粒遗传和融合遗传并非两个完全互斥的概念，因为颗粒间完全可以融合。其实，有些科学史家就提出，孟德尔自己并未完全抛弃融合遗传，他用A和a代表显性纯合子和隐性纯合子，而不是用我们所熟悉的AA和aa，这很有可能是因为他认为相同遗传因子会彼此融合[8]。关于融合遗传问题，孟德尔真正的贡献在于，他认为不同因子在相遇后是绝不融合的，而这种杂合子才是他关心的对象。

正如前文所述，孟德尔最重大的突破还是在控制单个性状的遗传因子的数量上，他提出并验证了配子中仅有1个相应的遗传因

子，而在1900年以前，除了他以外，每一个人都相信配子中含有多个相应的遗传因子[8]。另外，孟德尔还通过实验验证了：控制同一性状的遗传因子在合子中是成套存在的，配子间的结合是随机的，A与a不融合；控制不同性状的遗传因子间是互相独立的，互不干扰。我们现在知道，后者其实是错误的，位于同一染色体上的基因彼此牵连，并不独立。当然，这一点不能苛责孟德尔，因为他当时甚至不知道细胞核控制遗传，遑论遗传的物质基础，能够产生上述观点并加以验证，已经是极为天才的表现。

（3）孟德尔被忽视的原因

孟德尔的工作直至1900年才被再发现并引起重视，在此之前，即使有少数文章引用了孟德尔的论文，也基本没有对他最核心的观点加以关注。实际上，如果真的能够引起争论，那反而是件好事，划时代的发现往往都是在争论中最终被人接受的。但孟德尔所遭受的否定，并不是针对他的理论和实验结果进行批驳，而是被认为相关研究无足轻重。为何孟德尔定律在三十余年中无人问津？人们做出了各种各样的猜测，本书在此对这些观点从科学史角度进行了分析，希望可供广大教师参考，并在教学中加以合理运用。

观点一：当时《物种起源》出版不久，学术界的焦点都集中在进化论方面，孟德尔的研究被埋没在时代的洪流之中[2,11]。

这是一种常见观点，但本书并不赞同。我们前面提到过，实际上达尔文是非常需要一套合适的遗传学理论来解释世代间的性状变异和传递的，他自己提出过泛生论，但该理论并不算成功。孟德尔遗传学在今天与进化论完美结合，但很可惜，达尔文当年并未注意过孟德尔的研究。另一方面，孟德尔其实对进化论很关注，他认真阅读过《物种起源》，且研究同样是从进化角度入手的，他认为他所要解决的问题的重要性“对有机类型的进化历史是难以过分估计的”，他还指出，根据他的理论，各种性状的遗传因子独立遗传，于是具有7个性状的植物后代就有128种稳定的组合（128种表型）[56]，这对于达尔文梦寐以求的大量变异来说是一个非常重要的结论。

人们经常会想，如果达尔文了解了孟德尔的工作，遗传学与进化论会不会早点结合？生命科学会不会是另一种面貌？但很遗憾，历史不存在如果。事实上，即使是孟德尔定律被再发现后的20世纪初，遗传学家和进化论者也没有达成彼此间的理解，大概是因为达尔文进化论所要求的连续变异和孟德尔每个性状的表型都差异很大这一点格格不入？不过本书更倾向于认为，德弗里斯的突变论与达尔文渐进进化学说之间的表面分歧才是造成遗传学与进化论没有融合的主要原因。如前文所述，孟德尔指出，自己的工作是植物后代表型间产生巨大差异的有力佐证，不但没有对达尔文进化论提出反向证据，反而是一种有力支持。但是，德弗里斯的突变论却旗帜鲜明地提出要对达尔文进化论做出修正，支持骤变说。作为孟德尔遗传学的三位再发现者中唯一一位拥有自己独特遗传理论的学者，德弗里斯的突变论影响很大[8]。孟德尔遗传学得以普及的主要推动者贝特森则走得更远，彻底否定了达尔文，他认为“我们读他的进化方案就像我们读卢克莱修或拉马克的方案一样”[8]。在这种背景下，孟德尔遗传学被阐述为认为“物种肇源于突变”的一种学说，并因此招致博物学家的不满。遗传学家和达尔文进化论者之间出现了巨大的鸿沟，双方直到20世纪30年代之后，才在综合进化论者这里达成了和解。这段史实充分说明了科学发展的曲折性，以及采取系统、综合的视角看待不同理论的重要性，对此教师可以适当在教学中加以渗透，帮助提高学生的科学素养。

观点二：孟德尔对发表文章不够热心，导致影响太小[8]。

的确，关于杂交实验，孟德尔只发表了两篇论文，另一篇是关于山柳菊的研究，实验结果还与豌豆实验的结果完全不符。曾经有学者认为，对山柳菊的选择可能与耐格里有关[8]，但从信件中看，这个选择更可能出于孟德尔自己的意愿[54]，因为山柳菊性状多变，看上去是研究的好材料。但实验结果与豌豆研究的结果完全背道而驰，子一代出现了各种不同的性状，子二代却没有明显的性状分离，这令孟德尔大为困惑。直到20世纪初，德弗里斯，柯灵斯（Carl Correns，1864—1933）和贝特森还认为植物遗传有两种不同的模式："豌豆式"和"山柳菊式"。几年之后，人们才意识到，山柳菊属的植物大多都是营孤雌生殖的，卵细胞不进行减数分裂，子代与母本性状相似，所以研究结果才如此不符合孟德尔遗传学[57]。当年孟德尔千辛万苦地在很小的花朵上进行去雄操作，也许还影响到了视力，可惜这番努力完全是白费功夫。

迈尔认为，孟德尔很少发表文章可能是由于物理学知识背景造成的不利影响，因为物理学追求的是普适的规律，而他的研究结果很明显是只适合于部分植物的[8]。不过从留世的书信中可以看出，孟德尔对自己研究的结果还是很有信心的，他认为山柳菊的遗传现象是个例，而豌豆的情况才是普遍性的，因为他还进行过几个其他物种的研究，包括菜豆、玉米、紫茉莉和紫罗兰，结果与豌豆类似。根据其他人的回忆，孟德尔曾经表示过"相信自己的时代会到来"，"我确信我的工作将很快得到全世界的承认"[54]。但是，在缺乏同行支持的情况下，一位身负重要本职工作而又在研究领域名不见经传的业余科学家，不太可能有精力和动力大量撰写文章。孟德尔也曾经积极寻求同行的认可，曾与当时的著名植物学家耐格里多次通信，耐格里也确实给予了孟德尔鼓励，可惜并未真正理解他的豌豆实验的价值。另一方面，1868年，孟德尔开始担任修道院院长，逐渐无暇进行科学研究，特别是后来与地方政府关于财务的冲突牵扯了他的大量精力，身体健康也每况愈下。1873年，孟德尔在写给耐格里的最后一封信中说“对于不得不如此彻底地忽视我的植物和蜜蜂感到非常不快乐”[57]。连实验都不得不放弃的孟德尔，又哪里还有余裕去发表文章呢？

观点三：孟德尔使用的数学方法对当时的生物学家来讲太过陌生。

有一个例子可以说明这一点，孟德尔传记的作者——捷克学者伊尔蒂斯曾经回忆道：他在1899年发现了孟德尔的论文，并激动地拿给他的导师看，可对方认为这篇论文无关紧要，“除了数字和比例外别无它物”[7]。

奇特的是，在19世纪后半叶，另一位使用数学统计方法进行研究的学者高尔顿却影响很大，一手开创了生物统计学，并促使了其他人也投身该领域。为何生物学界可以接受高尔顿却不能接受孟德尔呢？也许还是名气的原因？高尔顿不仅是赫赫有名的达尔文的表弟，他的祖父、外祖父和父亲也都是科学家。高尔顿家境优越，得以在早年四处科考，成为知名探险家，归国后不久加入皇家地理学会和皇家学会，进入了最有影响力的科学共同体。而如前所述，孟德尔并未得到任何知名学者的认可，身处的布尔诺也并非学术中心，终其一生游离于科学共同体之外，这明显不利于他的研究成果的普及。科学家并非生活于真空之中，科学社会学的内容十分丰富，作为STS的一环，教师可以适当进行渗透。

观点四：孟德尔的研究太过超前，当时的学者无法理解。

本书认为，这才是孟德尔被忽视的主因。1865年，不论是细胞核的重要作用还是染色体的存在都还未被发现，有丝分裂和减数分裂更是无人知晓，达尔文、德弗里斯、魏斯曼等人的遗传学说都还未发表，学界还未形成不同遗传学说争鸣的学术氛围。

在这种情况下，孟德尔的研究绝对是他个人天才的体现，不幸的是，超前时代几十年的思想也注定很难被理解，对他的工作有所了解的人基本都没能正确理解他。孟德尔工作的重要意义要得到认可，需要细胞生物学和遗传理论二者的进一步发展，而经过19世纪末的铺垫，时机已经成熟，于是有了1900年划时代的孟德尔定律的再发现。

在教学中，建议教师提及“孟德尔遗传定律”被忽视的原因时，主要强调当时细胞生物学的发展尚未成熟，以使学生意识到生物学的各个分支学科间具有普遍联系的关系，防止学生因割裂掌握知识而无法形成系统的学科结构框架。

### 11.2.3 孟德尔定律的再发现

1900年，孟德尔遗传定律被三位科学家在一年之内分别独立再发现，他们是德弗里斯、柯灵斯和丘歇马克（Erich von Tschermak，1871—1962）。1865年不能理解孟德尔的学界已经在1900年做好了准备，这一年被视为现代遗传学的肇始。

德弗里斯是三个人中前期工作最充分，理论铺垫也最完备的，他在1889年就已经提出过自己的遗传理论。德弗里斯对达尔文非常敬仰，致敬泛生论，提出泛生子的概念，认为所有细胞核内都具有相同的泛生子，细胞存在不同的类型，是由于细胞核运输到细胞质的泛生子类型与数量不同，“我们可以说：指令在细胞核中，实现发生在原生质中”[55]，这个想法其实已经有现代观点的影子了。德弗里斯认为存在两种变异，一种是由细胞核流向细胞质的泛生子有多少来决定的，带来的是高尔顿所关注的连续变异；另一种是质的变化，就是突变，带来的是不连续变异[55]，他自己的关注点在后者。这种对连续变异和不连续变异的解释是错误的，但在当时能做出这种区分，为后世进行深入研究指明了道路。另外，德弗里斯认为控制同一性状的泛生子在配子中是多拷贝的，所以他用77.5%∶22.5%∶75.5%∶24.5%来表达他的数据结果，这再次说明孟德尔认为配子中只有一个遗传因子是多么重要的创见[8]。1900年，德弗里斯从同事兼好友拜耶林克①那里拿到了《植物杂交实验》的单独印刷版本，就此了解到了孟德尔的工作[55]。由于对自己工作和理论的重视，德弗里斯对于荣誉归于孟德尔是颇有些不服气的。他也确实不仅仅是一个再发现者而已，他独立地提出了将个体差异分割为独立性状的观点，在许多物种中都发现了孟德尔定律的现象，并且认识到了遗传因子突变在物种形成中的重要作用，创立了突变论，是很有成就的学者。德弗里斯的突变论强调不连续变异，因为他在研究月见草时见到过多个性状的同时突变，仿佛代际间就形成了新的物种，或起码是变种；而高尔顿创立的生物统计学派则强调连续变异，特别关注那些无法区分为简单几个相对性状的性状，如身高。结果，遗传学家和博物学家互相误解了几十年，要到穆勒后来的研究，才能解释德弗里斯所观察到的突变的产生机理。

柯灵斯是耐格里的学生，他进行了玉米和豌豆的实验。他自己的描述是，在某个不眠之夜里，对3∶1的解释如闪电一样击中了他，结果后来查阅文献才发现孟德尔早已发表了相似的论文[7]。虽然耐格里学生的身份让有些人怀疑他早就知道孟德尔的工作，不过耐格里很可能未跟学生提起过孟德尔的豌豆实验，否则的话柯灵斯应该更早就着手研究了。知道德弗里斯要发表相关论文后，柯灵斯也迅速动手，他对孟德尔的推崇程度远远高于德弗里斯，建议使用“孟德尔主义”和“孟德尔定律”这样的词。柯灵斯还

① 就是那个发现了烟草花叶病毒和分离出固氮菌的拜耶林克。德弗里斯有篇论文初稿名为“杂交作为遗传感染的一种手段”，由此能够看到拜耶林克对他的影响，也提醒我们再次注意科学共同体的作用。

指责德弗里斯在一份论文中没有引用孟德尔，其实就是在指责他剽窃孟德尔的观点，不过科学史家对此存在争议[54,55]。本书认为，德弗里斯在长篇论文中对孟德尔是进行了引用的，而短篇论文中他很有可能是为了精简文字省掉了引用，毕竟他当时已经产生了突变论的想法，对孟德尔的重视程度可能并没有那么高。

丘歇马克也用豌豆进行了实验，不过他只进行了两代，并且只研究了两个性状，可想而知当他查阅文献时见到孟德尔远比他丰富的工作时的沮丧。不久后，他见到了德弗里斯和柯灵斯论文的副本，于是迅速准备了一份论文摘要寄给两人，以确定自己孟德尔定律再发现者之一的身份。有的学者认为丘歇马克并未完全理解孟德尔定律的实质[7]，也有的科学史家认为丘歇马克算不上“孟德尔的再发现者”之一[54]。

三位学者同一年内再发现了孟德尔定律，其背后很可能有着微妙的优先权的争夺，最吃亏的无疑是德弗里斯，而对于另外两名学者，优先权给予孟德尔要比给予德弗里斯好得多。而面对孟德尔论文早已存在的事实和同行的竞争，德弗里斯也只得承认前人工作“在当时已非常优秀”。实际上，即使是在1900年，孟德尔的工作也足够优秀了。

虽然上述三位学者再发现了孟德尔的工作，但真正使孟德尔遗传定律推广的人实际上是英国科学家贝特森，有人认为是他真正创立了现代遗传学。他将孟德尔的论文翻译成英语介绍给了英语国家，还创造了遗传学（genetics）、相对形质（现译为等位基因）（allelomorph，后改为allele）、合子（zygote）、纯合子（homozygote）和杂合子（heterozygote）等术语和$F_1$（子一代）、$F_2$（子二代）等符号，有了这些术语和符号，交流就更便利，也减少了歧义[7,11]。贝特森是孟德尔的坚定支持者，与当时的生物统计学派的代表人物韦尔登（Walter Frank Raphael Weldon，

1860—1906）展开了论战，后者是高尔顿的拥趸，很强调连续变异，这场论战帮助孟德尔的理论迅速推广开来。不过如前所述，贝特森非常重视不连续变异的重要性，他比德弗里斯还强调突变在进化中的作用，德弗里斯只是想对达尔文进行补充，而贝特森则彻底否定自然选择在进化中的重要性。另外，受胚胎学出身的影响，贝特森非常反感遗传因子的物质解释，也就是染色体学说，他认为这是预成论的复活。

1909年，约翰森（Wilhelm Ludvig Johannsen，1857—1927）创造了基因（gene）、表型（phenotype）和基因型（genotype）等术语[7]，区分表型与基因型十分重要，它厘清了很多混乱。

20世纪初，人们还在动物杂交实验中验证了孟德尔定律的正确，并且发现了一些表面上不符合孟德尔定律的遗传现象，实际上可以用孟德尔遗传学来解释，如不完全显性（Aa基因型的个体的表型呈现为AA和aa的中间态）和多基因现象（多个基因控制一个性状）[8]，遗传学得到了飞速发展。正如穆勒后来所说，多基因控制单个性状的理论是融合孟德尔与达尔文的基石[55]，因为这将突变论转化为了进化论者关注的连续变异的基础，澄清了连续变异与不连续变异间的鸿沟只是假象，它们的本质是一致的。

## 11.3 基因学说

### 11.3.1 染色体学说

孟德尔的理论建立在抽象基础之上，在1865年时，缺乏“细胞内有承载遗传物质的实体”的观察证据，他的理论在后来能被广泛接受并进一步发展，有赖于细胞生物学的发展。认识细胞分裂对于理解遗传非常重要，了解亲代体细胞、性细胞与受精卵之间的关联更是遗传学得以发展的基础。所以有必要在此做一简单

回顾[55]。

1866年，海克尔提出了细胞核控制遗传的假说，而当时的主流观点是：原生质负责一切生命活动，而且分裂一开始，细胞核就“消失”了，所以他的假说并未被马上接受，直到19世纪末对细胞分裂与受精作用的研究进一步深入，海克尔的理论才被学界所重视。1874年，曾师从雷马克的德国科学家奥尔巴赫（Leopold Auerbach，1828—1897）发现，马蛔虫受精卵形成过程中有细胞核的融合，不过没有意识到这两个细胞核来自精子和卵细胞。随后，赫特维希通过研究海胆，初步证明了受精卵的细胞核来自一个精子细胞核和一个卵细胞核的结合。同时期，施奈德（Friedrich Anton Schneider，1831—1890）发现细胞核在细胞分裂时并未真正消失，而是其中的物质发生了变形，但未引起学界重视。1879年，弗莱明“发现”染色质，并于1882年创造有丝分裂（mitosis）术语，并认为这可能是细胞遗传物质精确分裂的机制。

1883年，贝内登发现马蛔虫的性细胞染色体数减半，而受精卵恢复体细胞的染色体数，认为父母双方贡献基本均等。同年，魏斯曼提出种质学说，并于1885年从理论角度提出减数分裂必然普遍存在。此前，高尔顿曾于1871年提出过遗传物质会先减半的假说，魏斯曼承认了他的优先权。弗莱明等人观察发现，形成性细胞的分裂与有丝分裂过程相似，根据现在的知识推断，他们观察到的应该是减数第二次分裂。完整的减数分裂并非马上就有实验证据，但魏斯曼坚持其假说，并称减数分裂应包含两次分裂，其中一次发生染色体减半，这一预言在不久后得到了实验验证，后来被誉为“正如预测海王星的存在一样，这是科学预言的一个光辉例子”。

随着19世纪末染色体在细胞分裂特别是减数分裂中的变化被发现，人们越来越将染色体与遗传联系起来。孟德尔遗传定律再发现之后，很多学者都提出了遗传因子与染色体有关的设想，其中萨顿（Walter Stanborough Sutton，1877—1916）和鲍维里对遗传因子和染色体的平行变化表述得最为明确：体细胞中染色体成对，等位基因也是成对的，减数分裂后生殖细胞中染色体分离，遗传因子也只有一个，所以他们认为遗传因子位于染色体上，这就是基因的染色体学说。染色体学说的提出伴随着对染色体认识的加深，特别是对性染色体的认识[55]，值得深入介绍。

1888年，鲍维里访问那不勒斯，经常与魏斯曼讨论问题，他认同减数分裂的存在，但是不同意魏斯曼“所有染色体基本相同，每一条都含有多份原始种质的拷贝”的观点，而是认为不同染色体的形式和功能是不同的。摩尔根在研究海胆时发现，海胆有时可以产生三细胞胚胎，鲍维里利用这一点，证明了双受精海胆胚胎若产生三细胞胚胎，发育为成体的概率（8.3%）远大于四细胞胚胎（0），这说明染色体分配不均会引起发育失败，验证了染色体的独立性。

19世纪末，萨顿跟随导师麦克朗（Clarence Erwin McClung，1870—1946）研究巨型蝗虫，他们初步发现了染色体组成与性别的关系，这种昆虫属于XO型性别决定方式。麦克朗是威尔逊的学生，他推荐萨顿跟随威尔逊读博。在威尔逊实验室，萨顿进一步证明了鲍维里的理论：不同染色体是独立的。1902年，萨顿在论文中指出染色体与孟德尔遗传因子间的关系：“如上所述，父系和母系染色体成对的结合及其随后在减数分裂过程中的分离，可能构成孟德尔遗传定律的物理基础”。同年，萨顿受到了贝特森演讲的影响，他不再认同当时的主流观点——男性继承父亲的染色体，女性继承母亲的染色体——而是认为遗传是完全随机的。另外，萨顿认为染色体上的遗传因子不止一个，位于同一染色体上的遗传因子会一起遗传，为后来摩尔根等人提出基因连锁奠定

了基础。1905年，威尔逊发现了一些昆虫中存在的异形同源染色体，即XY染色体，并提出蝗虫的性别决定模式可能是雄性丢失了一条性染色体，构建起了一个完整的染色体决定性别的学说。

### 11.3.2 摩尔根小组

染色体学说遭到了很多胚胎学家的反对，如前文提到的贝特森，摩尔根一开始也是反对者之一。摩尔根是威尔逊的好朋友，但是他反对基因在染色体上的学说，也不怎么认同自然选择在进化中的作用，他是经验论者，讨厌一切推理性的科学。他也不认可染色体决定性别的理论，而是认为细胞质才决定性别，而且这种决定是在发育过程中产生的，归根结底，实际上还是由于不喜欢预成论观点。同时，他也开始反对孟德尔遗传学，认为所谓显性、隐性，不过是为了研究方便，不存在对后代性状直接决定的因子，性状是随环境而变化的。在他看来，当时用孟德尔遗传学来解释实验结果的学者在做的事情就是“高级杂耍”，如果某个事实不能用一个因子解释，他们就拿出两个因子，还不行就拿出三个因子，这在他看来是纯粹理论性的猜测，没有真正的实验证据。身处20世纪初，摩尔根对当时生物学最重要的三大理论：达尔文进化论、孟德尔遗传学、染色体决定性别理论，统统反对[55]。不过，摩尔根是一位很尊重事实的学者，思想也并没有那么固执，当他发现所谓的思辨性臆想是可以得到实验证据验证的时候，他是可以转变想法的。摩尔根迈出的第一步，是接受染色体决定性别的理论。1908年，他通过对蚜虫的细胞学研究，开始认同性别受染色体决定的观点，虽然蚜虫的性别决定方式要比威尔逊说的复杂。

另一方面，摩尔根从1902年就为德弗里斯的突变论所折服，认为相比于突变，自然选择对于进化并不重要，虽然德弗里斯自己认为自然选择的力量可以对突变进行选择，但摩尔根认为这充其量能消除一些有害突变。为了自己研究突变，摩尔根从1904年开始努力诱导各种动物的突变。1906年，他开始以黑腹果蝇作为主要实验材料。果蝇是研究遗传学的上佳材料，它繁殖率高、生活周期短、容易饲养、不同性状易识别、染色体也相对较少。从豌豆到果蝇再到后来的噬菌体，可以看到实验材料的选择对研究成功有多么重大的意义。1909年，摩尔根开始用各种温度、化学物质和辐射等方法处理果蝇。1910年，他和到访的毕业生抱怨浪费了两年时间，不过其后就开始陆续发现突变了。白眼性状其实并不是他所第一个发现的突变，不过应该是早期最好观察的。要注意的是，此时频繁的突变很可能和射线照射有关，我们会在后文看到相关研究。

对那只后世所谓的“明星果蝇”，摩尔根极为爱惜，在他的精心呵护下，这只白眼雄果蝇与红眼雌果蝇产下了后代。子一代全是红眼果蝇，子二代红眼和白眼是3∶1，这完全符合孟德尔遗传定律，所以他开始对孟德尔的遗传因子理论产生了信服感。他进一步发现子二代的白眼果蝇全是雄性，而白眼雄果蝇与子一代的红眼雌果蝇回交时产生一半红眼果蝇和一半白眼果蝇，两种性别都有，白眼雌果蝇与红眼雄果蝇的后代则雌性均为红眼，雄性均为白眼。这些结果要怎么解释？最直观的解释就是眼色基因和性染色体有关，即我们现在所说的伴性遗传，但作为染色体学说的反对者，摩尔根可以产生这样的念头么？

正如《追寻基因：从达尔文到DNA》书中所说，“事实证明，1910年夏天进入突变期的与其说是果蝇，不如说是摩尔根”[55]。7月11的论文中，他实现了范式转换，认为白眼基因位于X染色体上。到年底，他又发现了连锁交换，该假说由鲍维里于1904年首次提出，摩尔根的研究为其提供了实验验证，1911年，詹森斯

（Frans Alfons Ignace Maria Janssens，1863—1924）在显微镜下观察到了同源染色体的交叉，摩尔根认为这一现象与自己的遗传研究结果是完全匹配的

摩尔根能够转变态度，一方面应该要感谢他的怀疑态度，他对任何理论都不轻信，而只相信实验的验证，所以，当实验确实展示了某个理论的正确性，他也可以抛弃自己的固有观点。而另一方面，科学共同体的影响可能更为重要，摩尔根和威尔逊是同事，而他的小组中最出名的几位青年学者早年都受过威尔逊的影响，相信染色体学说，在摩尔根用眼色基因位于X染色体上来解释实验结果这件事上，他们应该是有贡献的[7]。

摩尔根小组是科学共同体中最为人所称道的小组之一，他们合作密切取长补短，有时甚至很难区分个人的工作贡献，这个小组包括斯特蒂文特、布里奇斯和穆勒，他们是遗传学上有名的“摩尔根三弟子”。斯特蒂文特专长于数学和统计学，具有卓越的分析能力；布里奇斯有出色的实验技巧，擅长观察染色体的细微变化；穆勒长于实验设计，具有系统观点；而最重要的是摩尔根的领导，他既具热情又怀疑一切，督促助手们将理论用实验进行验证。斯特蒂文特回忆道：这个科学共同体具有“科学实验室中过去很少有”的“激动人心的气氛和持续热情”，而这要归功于摩尔根的“大度、胸襟开阔和具有幽默感”[8]。在这样的良好氛围下，这个科学共同体取得了一系列引人瞩目的成功。

1911年，摩尔根小组继眼色基因之后，又发现了果蝇体色和翅形基因也是位于X染色体上的，并且发现了连锁与交换的现象。1913年，斯特蒂文特根据连锁程度绘出了包含六个基因的第一张基因图谱，当时他才22岁，他还在1926年发现了染色体的倒位畸变。到1915年，摩尔根小组已经对果蝇的四对染色体都进行了基因图谱绘制，至此彻底形成“基因位于染色体上并呈线性排列”

的理论。布里奇斯则在染色体畸变方面有很多发现，他发现了X染色体多一个和少一个的畸变，发现了染色体的缺失、重复和异位畸变。1922年，贝特森在参观摩尔根实验室后，终于表示了对基因的染色体学说的支持[7]。1926年，摩尔根出版《基因论》一书，对遗传学发展进行了总结，建立了基因学说。1933年，摩尔根获得了诺贝尔生理学或医学奖，这是遗传学领域第一次获诺贝尔奖，说明国际已经公认了遗传学对生理学和医学的价值。

摩尔根小组发现了连锁现象，表面上推翻了孟德尔的自由组合定律，实际上则是对其的深化。如果用科学研究纲领方法论来分析的话，孟德尔遗传学——最起码是20世纪初经过诠释的孟德尔遗传学——的硬核在于配子中含有决定生物性状的遗传因子，这些配子在形成合子后遗传因子并不融合。至于分离定律和自由组合定律，那些只是根据硬核所推理出来的结论，完全可以根据情况给予新的辅助性假说。这也意味着在教学中，除了让学生记住两条定律之外，更要突出孟德尔遗传学的核心。另外，孟德尔研究的初衷实际上是与进化相关的，他指出控制各种性状的遗传因子彼此独立，自由组合是进化所需变异的一个重要来源。而摩尔根小组的连锁定律说明了控制不同性状的遗传因子并非那么独立，交换定律则指出后代依然存在着自由组合的现象，只是将绝对的自由组合变成了概率性的自由组合，并未推翻自由组合是进化所需变异来源之一的结论。从这一点，也可以看出摩尔根小组的研究是对孟德尔遗传学的深化，而非推翻。

基因学说强调细胞核的遗传作用，而有些生物学家始终坚持细胞质在遗传中也是起作用的，具体表现为对于某些性状，无论正反交，子一代性状总是由母本决定，不受父本影响，杂交后代如果出现分离，没有一定的分离比例。后来发现，叶绿体和线粒体中也含有DNA，有些性状由它们决定，由于精子几乎不含细胞

质，所以母本决定后代性状，由于细胞质分裂时遗传物质分裂不均等，所以分离比例不定。细胞质遗传是对细胞核遗传的补充，本质上并不冲突。

### 11.3.3 对突变的深入研究

穆勒是摩尔根小组中成就相当大的一个人，由于和摩尔根性格不合，而且不满意摩尔根小组优先权不分的习惯做法，他在正式拿到博士学位之前就离开了摩尔根实验室，转而去了朱利安·赫胥黎门下。随后，赫胥黎回到英国，穆勒就开始了独立的研究生涯。不过，穆勒还是受到了摩尔根的影响，后来也一直以果蝇为研究对象。而且，和摩尔根一样，穆勒也一直对突变很感兴趣，并且终于成功地发明了人工诱导突变的方法。

在介绍人工诱导突变的研究之前，我们要先介绍一下穆勒的其他成就，这对于理解20世纪初遗传学家与进化论者之间的冲突如何消弭是有帮助的。前文提到过，德弗里斯提出突变论，认为这是进化的最主要因素。可能有人对此会感到迷茫，因为我们今天也说突变是进化的原材料，自然选择起到影响进化方向的作用。但德弗里斯当时所说的突变与我们今天所认知的有所不同，他观察到有些月见草会在一代间出现极大的变化，很多性状都与亲代有所差别，这就与达尔文所说的靠自然选择一代代积累变异、实现渐进进化截然不同。而穆勒在读博期间，获得了*Df*'+/+*Cb*'的果蝇（*Df*'是一种眼睛相关性状的显性突变，*Cb*'可以抑制交叉），然后用这种果蝇自交，由于*Cb*'会抑制交叉，理论上应该产生3种后代，其中眼睛正常的就是*Cb*'纯合子（++/*Cb*'*Cb*'）。但结果却发现，没有眼睛正常的子代出现。这个结果是很奇怪的，因为当*Cb*'不存在时，*Df*'/+杂合子自交是会产生正常眼睛后代的。同样，经过分析，也没有*Df*'纯合的后代。自交十几代，一直是这个结果。穆勒没有放弃孟德尔解释，他认为这个结果是因为*Df'*纯合致死，*Cb'*也纯合致死，所以最后能产生的后代只有双杂合这一种可能，这就是“平衡致死因子”，也就是我们在大学学习遗传学时能够看到的平衡致死系。由此，穆勒提出，月见草的一些所谓的纯种类型，其实是杂合子，而德弗里斯发现的突变实际上并不是基因突变，而是染色体发生异常引起的。那些突然一起出现的新性状，实际上是由于特殊情况下，平衡致死系染色体上存在的隐性基因积累了很多世代，它们一直被隐藏，然后某一时刻，由于染色体发生易位等变异，一组隐性突变被同时释放，看起来就仿佛新性状突然同时发生了[5]。这套理论完美解释了德弗里斯的突变与孟德尔研究的单个性状的变异的关系，也解决了突变论与达尔文进化论间的冲突，重新将不同理论整合到了一起。

1905年，贝特森将遗传学定义为研究遗传和变异问题的学科，随着前面种种努力，遗传问题基本可以完全归进孟德尔范式了，但是变异问题没有什么进展。突变论本来是唯一有希望的线索，但也被穆勒给否定了。但由此开始，他可以自己提出新理论了[55]。穆勒相信绝大多数的突变是有害的，但这就带来了一个难题，就是能观察到的突变要比实际突变少，因为突变致死的个体根本无法被观察到，这为研究突变带来了困难。穆勒想到的解决办法是通过果蝇子代的性别比例判断X染色体纯合致死突变是否存在，因为雄性携带该基因就会致死，而雌性携带隐性基因可以被等位基因保护。1920年，穆勒发现了个新突变系——*ClB*（抑制交叉，纯合致死，棒眼显性，位于X染色体），用*ClB*杂合体雌蝇（$X^{ClB}/X^{+}$）与正常雄蝇（其精子可能携带致死基因，$X^{?}/Y$）交配，再让子一代中的棒眼雌蝇（$X^{ClB}/X^{?}$）与子一代雄蝇（$X^{+}/Y$）自交，如果子二代没有雄性，就说明子一代雌蝇携带了由父亲处

遗传的新的致死基因[55]。这是遗传学上很经典的测定突变率的方法，因为即使不致死，亲本发生的隐性突变也可以直接在子二代雄蝇上体现出来。利用这种方法，穆勒可以测定诱变对突变率的影响了。

穆勒发现，同一基因可能会发生好几种不同的突变，还有些反向突变会挽救原先的有害突变，这在未来都进入了教科书当中。在1921年的一次演讲中[55]，穆勒除了介绍基因的染色体理论的研究现状，还指出了基因可以精确自我复制，且突变后依然能复制自身这个新基因。穆勒强调：进化中重要的不是变异和遗传，而是“变异的遗传”，基因可以一边自我复制一边随机突变，研究基因的结构是遗传学最基本的问题。最后，他还预言了后来被称为噬菌体的病毒将为基因研究提供巨大的优势，认为将来可能“在研钵中研磨基因并在烧杯中处理它们”。这些观点极具前瞻性与系统性，充分体现了穆勒的敏锐与学科思维。

从1926年11月开始，穆勒用X射线对果蝇进行诱变，实验非常成功，X射线明显造成了突变率的上升。短短几个月的实验中，先前发现过的所有突变都能出现，而且也有新的突变产生，据说上夜班的穆勒开心到对着楼下的同事喊出每一个新发现的突变[55]。1927年，穆勒在《Science》上发表论文，报道X射线可以引起果蝇突变率的大幅增加，产生几百种突变，它们大多在遗传上是稳定的，并且符合孟德尔-摩尔根的遗传理论。穆勒还发现X射线不止能引起单基因的变化，也能引起染色体基因模块的重排，他还发现有本来在X染色体上的基因跑到了别的染色体上，细胞学观察也显示确实发生了易位现象。到1928年，他已经和同事一起发现了X射线能引起70多种易位变异[55]。穆勒澄清了突变的概念，此前，由于基因重组、染色体变异和基因突变都被称为突变，造成了很多混乱的理解。穆勒认为应该缩小“突变”一词的含义，只用来指称单个基因的改变[7]。目前，突变的概念包括基因突变和染色体变异，它们的本质其实都是基因组核苷酸序列发生了变化。

随后，穆勒开始对基因进行了更深入的思考，他借助的是果蝇的棒眼与超棒眼突变[55]。1920年左右，泽勒尼（Charles Zeleny，1878—1939）发现，棒眼突变果蝇偶尔会产生野生型后代，另外纯合子棒眼雌蝇有时会产生一种眼睛非常细长的突变体后代，称为超棒眼突变，而它可能产生棒眼或野生型的后代。1925年，斯特蒂文特提出假说来解释为何会从棒眼突变体产生超棒眼和野生型后代，他认为，染色体的错位交叉和不等交换，使两条染色体一条有了两个棒眼基因，产生超棒眼突变体，而另一条缺失棒眼基因，对应野生型后代。1930年，穆勒发现很多染色体都可以断裂再重连，他回顾斯特蒂文特不等交换的假说，同意非同源区域可以发生交叉，但是不同意野生型缺失棒眼基因的说法，而是认为棒眼突变是正常基因“原位复制”的结果，而野生型含有的是正常单个基因拷贝。1935年，借助新的显微镜技术，穆勒最终解决了棒眼问题：在正常表型中某片段只出现一次，棒眼含两个重复片段，而超棒眼则含三个重复片段。1936年，文章发表在苏联的一个期刊上。不久，布里奇斯也发现了这一现象，并发表于《Science》，知名度比穆勒的文章要高，不过对于该研究的意义，还是穆勒的分析更为透彻。穆勒指出，这一案例揭示了新基因在进化中的产生方式，“没有理由怀疑这句格言的应用，所有的生命都来自先前的生命，每个细胞都来自先前的细胞，对基因来说：每一个基因都来自一个已经存在的基因”，这是对巴斯德与魏尔肖名言的回应。该分析堪称掷地有声，是非常典型的在进化视角下思考遗传问题的范例，这种思维方式值得我们学习。

回到基因突变的人工诱导问题，在穆勒之后，人们又发现了

很多基因突变的诱变剂，有些也可以引起染色体的畸变，这一研究领域是穆勒开拓的，他于1946年获得了诺贝尔生理学或医学奖。这一年正是二战结束之后，也就是原子弹投放的转年，在这样一个时间点，将诺贝尔奖颁给射线可以引起基因突变的研究，委实令人联想。而穆勒也投身于抵制放射在医学、工业和军事上的滥用的宣传活动[4]，并于1955年参与签署了《罗素-爱因斯坦宣言》，爱因斯坦（Albert Einstein，1879—1955）在签名后几天与世长辞，这份宣言也就具有了更强的象征意义，于后来间接推动了世界控制核武器工作的开展。

在摩尔根等人的努力下，人们对基因的认识加深到了前所未有的水平，遗传育种工作也有了进一步的理论依据。袁隆平（1930—2021）为首的科研团队培育出了杂交水稻，就是在孟德尔-摩尔根范式下利用基因重组原理进行育种的杰出范例。不过，以摩尔根为代表的细胞遗传学研究虽然硕果累累，但在细胞水平上已经很难再继续深入分析基因相关问题了。正如穆勒所说，下一步需要研究基因的结构。遗传学需要新的方法，分子生物学应运而生，遗传学也随之进入新的阶段。

# 第十二章　分子生物学

分子生物学是在分子水平上研究生命现象的科学，它是从遗传学的问题中衍生出来的，目前研究的重心仍然在核酸-蛋白质的结构、功能与复杂调控机制方面。但是分子生物学对其他学科影响也很大，目前，各门分支学科都在广泛应用分子生物学手段。分子生物学是生物学中非常年轻的分支学科，自20世纪50年代建立至今，一直是生物学的研究前沿。

## 12.1 分子生物学的源流

20世纪初遗传学的研究，特别是基因学说的建立与发展，使人们对变异与遗传的认识深入了很多，但随之而来的问题则是：基因到底是什么？它们如何决定不同性状的产生？针对这些问题，科学家们从不同角度进行了研究。

### 12.1.1 生化角度

从今天的视角来看，要追溯对基因的认识，肯定要追溯到核酸的发现。1868年，瑞士的青年学者米歇尔在脓细胞的细胞核中首次发现一种有机酸，将其命名为“核素”（nuclein）。他的同门科赛尔（Albrecht Kossel，1853—1927）后来发现核素是蛋白质和有机酸的复合物。1889年，阿尔特曼提纯出了纯净的有机酸，将核素更名为核酸（nucleic acid）。自此，人类才具备了进一步研究这种重要的生物大分子的条件。

不过，回首望去，当年的学者们是不可能知道基因与核酸间的关系的，所以我们的追溯还是要回到基因与性状间的关系上去。1908年，伽罗德（Archibald Edward Garrod，1857—1936）发表了一篇题为《代谢的先天错误》的演讲，这是关于基因如何调控性状的开创性研究。他在临床上遇到了一些代谢失调疾病，患者由于代谢途径中某处受阻，所以代谢产物与普通人不同，导致患病。他特别关注了其中一种名为“黑尿病”的疾病，这种疾病的患者尿中含有大量的尿黑酸，经过调查患者的家族患病史，他发现这种疾病符合孟德尔遗传规律，它是一种隐性疾病，所以指出基因很可能是通过影响代谢来影响性状的。1914年，他的一位同事发现普通人体内可以分离出尿黑酸氧化酶，而患者体内则不含这种酶，所以代谢过程受阻。这项研究很好地说明了基因通过控制酶来控制性状，但是和很多开创性工作一样，它没有引起人们的重视[2]。

到了20世纪30年代，关于酶的认识深入了不少，有些科学家开始考虑基因和酶的关系。在这种背景下，在摩尔根实验室进行博士后研究的比德尔（George Wells Beadle，1903—1989）认为果蝇的不同眼色可能是由于基因影响了代谢途径，导致果蝇具有红眼、朱砂眼、白眼的不同性状，可惜的是，虽然果蝇是良好的遗传学研究材料，但它的代谢途径对这项研究来说显得过于复杂了。1937年，比德尔到斯坦福大学任教，认识了微生物学和生物化学背景出身的塔特姆（Edward Lawrie Tatum，1909—1975），在塔特姆的建议下，他们以链孢霉为实验材料进行研究。链孢霉生活周期比果蝇更短；作为单倍体，它的一切突变都可以马上显示出来；而且利用选择培养基可以很方便地鉴别突变体。在这里，我们又见到了合适的实验材料对科学研究的重要性。野生型链孢霉可以生活在基本培养基上，自己合成各种氨基酸、维生素等，而突变体由于缺乏某些物质，在基本培养基上就无法生长了。比德尔和塔特姆用X射线诱导链孢霉发生突变，将突变体在完全培养基上进行培养增殖，然后转入基本培养基，再逐个加入各种物质，以确定突变体缺乏什么。结果发现，一种突变体只缺乏一种物质，即该突变阻断了一种生化反应，而每种生化反应都需要特定的酶，所以他们推断基因突变造成了酶出现问题。1941年，比德尔和塔特姆发表文章，提出著名的“一个基因一个酶”假说，该假说后来被修正为“一个基因一个多肽”，即：基因通过控制酶间接控制性状，或通过控制蛋白质结构直接控制性状。1958年，他们获得了诺贝尔生理学或医学奖，这是遗传学研究第三次获诺贝尔奖。

艾弗里（Oswald Theodore Avery，1877—1955）、麦克劳德（Colin Macleod，1909—1972）和麦卡蒂（Maclyn McCarty，1911—2005）关于肺炎链球菌的“转化因子”的研究是生化学家对基因本质探索的另一重大贡献，他们的研究建立在格里菲斯（Frederick Griffith，1877—1941）的基础之上。1928年，格里菲斯在对肺炎链球菌进行研究时发现，已经加热杀死的S型细菌可以使R型细菌发生转化，实际上是发现了细菌的遗传转化现象，不过

当时不了解转化因子是什么。1941年，他不幸死于德军的轰炸[7]。格里菲斯的研究初衷与遗传问题无关，他所关心的是疾病的治疗与预防。从他的文章来看，他应该是想要制备相应疫苗，但是传代培养时，减毒了的R型细菌偶尔会恢复为S型细菌，稳定不会恢复的又不引起免疫，所以想要摸索安全又有效的获取疫苗的方法。在探索过程中，他猜测R型细菌的转化可能是由于S抗原引起的，所以进行了“死S+活R”这组实验，发现实验结果确实引起了转化，并猜测S型菌的荚膜是引起转化的原因[58]。格里菲斯未能实现体外转化，而道森（Martin Henry Dawson，1896—1945）与美籍华裔学者谢和平（1895—1970）[59]于1931年成功进行了体外转化实验，在试管内——而非小白鼠体内——实现了肺炎双球菌的转化。1933年，阿洛维（James Lionel Alloway，1900—1954）将S型菌破碎，过滤后得到无菌提取液，并发现这种无菌提取液也可以引起转化现象的发生[56]。这一发现给了艾弗里提示，因为这说明提取液内含有被称为“转化因子”的物质，接下来，他花了约10年时间，对“转化因子”进行了研究。

艾弗里本身就是肺炎链球菌相关研究的专家，他和海德尔伯格（Michael Heidelberger，1888—1991）于20世纪20年代证明了肺炎双球菌的毒性来自多聚糖[7]，这说明免疫系统不仅对蛋白质起作用，对多聚糖也有同样的作用①。一开始，艾弗里对格里菲斯的研究持怀疑态度，不过后来他就全心投入到究竟转化因子是什么的研究中去了。很多教材会将艾弗里的实验描述为分别在R型菌培养液中加入S型菌的DNA、蛋白质和多糖，观察哪种物质可以引起转化，但实际情况并非如此。艾弗里小组所做的，并不是检验“转

---

① 能够对多聚糖产生免疫应答的B细胞属于非T细胞依赖型B细胞，它的激活过程不需要辅助性T细胞参与，不过也不会产生免疫记忆。

化因子”究竟是哪种成分，而是提纯“转化因子”后加以鉴定。他们通过观察菌落形态来判断转化活性，方法如下：对S型细菌提取液进行处理，然后稀释到不同梯度，加入含R型细菌的特定培养基中，如果菌落发生明显变化，就说明在相应梯度下能够发生转化，能引起转化的最低稀释梯度就表征了提取液处理物的转化活性。通过这一方法，他们发现除去多糖、蛋白质和核糖核酸并不会引起转化活性的太大变化。艾弗里小组不断摸索，将“转化因子”不断纯化，最终提纯产物转化活性极高，在$1.33 \times 10^{-9}$g/mL的浓度下还可以引起4个平行实验中2个试管内R型细菌的转化[56]。他们对提纯的“转化因子”进行了一系列物理、化学和酶学分析，最终确定提纯产物为“高度聚合、而且很黏滞的DNA钠盐”[56]，也就是说，“转化因子”是DNA。该论文于1944年发表。

虽然看上去DNA就是大家所寻觅的遗传物质了，但是人们还是存在怀疑，艾弗里的提纯产物中会不会含有微量的其他物质？那些物质会不会才是真正的遗传物质？艾弗里自己也很谨慎，表示“当然也有可能，前面谈到的这种物质的生物学活性并不是核酸的一种遗传特性，而是由于某些微量的其他物质所造成的”，但同时，他也自信地指出“有可靠的证据充分说明它（DNA）实际上就是转化因素”[56]。可惜的是，这一划时代的研究成果在当时并未很快被科学家所接受。人们对艾弗里小组研究结果的怀疑，一定程度上与20世纪20年代早期的某个错误有关，那时，1915年诺贝尔化学奖得主威尔斯塔特曾宣称获得了不含蛋白质的酶，但后来被其他人证明，之所以未在他的制备物中检测到蛋白质，是因为其含量过低，实际上酶活性还是来自蛋白质，于是学界担忧艾弗里的研究结论也存在类似的错误[60]。不过，对DNA作用的怀疑主要还是源于“DNA无法承担携带复杂的遗传信息的任务”这一根深蒂固的认识。要理解这种认识是如何形成的，我们

需要再来看一下科学家是如何从信息角度和从DNA的结构角度来展开探索的。

### 12.1.2 信息角度

对基因本质探究贡献很大的另一股力量是从信息学度看基因的学派，这一学派与量子物理学关系极为密切，源起于丹麦物理学家玻尔（Niels Henrik David Bohr，1885—1962）。玻尔对于生物学非常感兴趣，他还是一位颇有自己哲学思想的科学家，互补性思想①是他哲学思想的核心。1932年，玻尔发表了《光与生命》的演讲，指出生命现象的复杂性，“活的生命体是一个不能用一般的化学反应来解释的体系。”玻尔的这次演讲直接影响了他的弟子德尔布吕克（Max Delbrück，1906—1981），后者就此从物理学转入生物学研究[11]。

和玻尔一样，德尔布吕克也对一些矛盾性的共存现象很感兴趣，他认为基因就是这么一种矛盾的存在，它既在世代传递间表现出稳定性，同时又有突变不时产生，这是非常引人深思的现象[7]。他和遗传学家迪莫菲耶夫-列索夫斯基（Nikolaj Vladimirovich Timofeyeff-Ressovsky，1900—1981）、生物物理学家齐默尔（Karl Günter Zimmer，1911—1988）一起于1935年出版了名为《关于基因突变和基因结构的本质》的小册子，在书中用量子理论分析了辐射引起基因突变的原因，认为基因是一种大分子，突变被解释为一种能级稳态向另一种能级稳态的变化。该结论正确与否并不重要，重要的是它引起了不少物理学家的兴趣，特别是

① 两种看似互斥的纲领对于理解现象都是必需的，在更高的层次上可以互补统一。物理学中的典型范例是光的波粒二象性，生物学中的典型范例则是预成论和渐成论：受精卵中的确已经含有未来成体的信息了，但胚胎发育过程不是简单地由小变大，而是细胞逐渐分化的结果。

薛定谔（Erwin Schrödinger，1887—1961）。

薛定谔在1944年出版了著名的《生命是什么》，在书中把基因比作“非周期性固体”，这一比喻含义丰富，一方面，构成基因的所有原子都与其他原子连接在一起，所以很稳定，另一方面，由于呈非周期性，所以其基本组成单位的排列多种多样，其中就可以蕴藏丰富的遗传信息。薛定谔在书中第一次提出了遗传密码的猜想，“作为未来个体的最初阶段的受精卵里有着密码的两个副本”，并将这种密码比喻成建筑师的蓝图。他还以莫尔斯密码作比，后者只用点和线就可以表达无数种信息，所以组成基因大分子的基本单位只要靠排列的变化就可以传递足够多的遗传信息了[61]。要注意的是，在薛定谔写作此书时，基因究竟是什么还没有得到公认，不论是蛋白质还是核酸的结构都还处于研究当中，所以遗传密码的猜想实在是天才的体现。薛定谔的这本小册子造成的影响比玻尔和德尔布吕克更大，一些年轻的物理学家投入生物学研究，一些生物学家也从中获得了灵感，前者如克里克（Francis Harry Compton Crick，1916—2004），后者如沃森（James Dewey Watson，1928—）。

我们回过头来再看德尔布吕克[62]，他在1937年去了摩尔根的实验室，但是对于一个理论物理学家来说，果蝇的相关研究实在是太复杂了，他自己回忆道“我在阅读那些望而生畏的论文时没有取得很大进度；各种基因型都有长篇累牍的陈述。太可怕了，我简直无法读懂它”。好在1939年他了解到了噬菌体的存在，并研究确定了噬菌体具有在生物体内增殖的特性，这是对噬菌体现代研究的开始。1940年德尔布吕克结识了卢里亚（Salvador Edward Luria，1912—1991），1943年赫尔希（Alfred Day Hershey，1908—1997）也加入到他们的队伍之中，这就是赫赫有名的“噬菌体小组”的三位核心成员。从1945年起，德尔布吕克等人每年

夏天在冷泉港实验室召开噬菌体研究的学术会议，同时带有培训班的性质，吸引了很多学者的参与。

噬菌体的相关研究有很多成果：1943年，德尔布吕克和卢里亚进行了著名的波动实验（又称彷徨实验、变量实验），将大肠杆菌悬液分别装入两支试管内，一个试管中的悬液直接分装入50支小试管，保温24-36小时后分别加到涂有噬菌体的平板上，计数抗菌菌落；另一个试管中的悬液则先进行保温，然后再分成50份，分别加到平板上并计数抗菌菌落。如果细菌的抗噬菌体突变是被噬菌体诱导产生的，两组实验结果应该类似，如果突变是自发产生的，第一组不同平板的实验数据应该参差不齐，第二组则应该相差不大。实验结果符合第二种推测，说明细菌抗噬菌体的突变是自发产生的，而不是受环境影响的，这就使细菌也离开了获得性遗传的范式。1946年，德尔布吕克和赫尔希各自独立地发现病毒能够发生基因重组。1952年，赫尔希和蔡斯（Martha Cowles Chase，1927—2003）用同位素标记法证明了DNA——而不是蛋白质——是遗传物质。1953年，莱德伯格（Joshua Lederberg，1925—2008）和津德（Norton Zinder，1928—2012）发现噬菌体可以将供体细菌的一段基因转移给受体细菌，即转导作用。另外，莱德伯格还曾与塔特姆共同发现大肠杆菌具有有性重组，后来发现这一现象是供体细菌单向转移基因给受体细菌，并且供体细菌具有质粒[①]，这项工作使莱德伯格与比德尔和塔特姆共同分享了1958年的诺贝尔生理学或医学奖。

噬菌体小组并不是严格的组织，结构松散，但确实是一个影响极大的科学共同体。这个共同体的特点在于思想与成果的开放性交流，这深受德尔布吕克个人的影响，而这一点是他从玻尔那

---

① 质粒由莱德伯格命名，后来成为基因工程的重要工具。

里继承来的。遗憾的是，同样由于这一点，这种开放的精神与个人优先权的冲突越来越无法忽视，大家对于公开自己的未发表成果和思路越来越心存顾忌。1960年，噬菌体小组终于彻底解体，可能部分也由于德尔布吕克已经于1953年转了研究方向[62]。1969年，德尔布吕克、卢里亚和赫尔希分享了诺贝尔生理学或医学奖，如果再早十年，这个奖会与他们当时的地位更匹配。

在20世纪四五十年代，噬菌体小组是隐形的权威，艾弗里等人的研究受到怀疑也许与他们不属于这个共同体有关系，幸好赫尔希与蔡斯的研究结果得到了普遍认可，于是，DNA这个传统认识中不可能是遗传信息携带者的大分子，终于在20世纪50年代成为被关注的焦点。

### 12.1.3 结构角度

为什么DNA在作为遗传物质这一点上如此阻力重重呢？这与人们对它的结构的认识有关。当时学界已经清楚染色质是由DNA和蛋白质组成的，而基因又位于染色体上，所以遗传物质应该是这二者之一。不幸的是，当时生物化学界的权威列文（Phoebus Aaron Theodore Levene，1869—1940）曾提出“四核苷酸假说”[11]，由于受到计量精度的限制，他误以为DNA中的四种碱基含量一致，所以认为四种核苷酸组合成一个单元，这些单元再聚合形成DNA。这样的DNA就与糖原一样，是同一结构高度重复的多聚体了，很难想象它能承载复杂的遗传信息。而蛋白质结构复杂多变，氨基酸排列方式可以多种多样，更符合对遗传物质的想象。所以20世纪50年代前，大家都倾向于蛋白质是遗传物质，包括薛定谔在写他那本著名的小册子时也是这么猜测的。

不过，在1944年艾弗里等人的研究发表后，也有人转变了观念。奥地利科学家查戈夫（Erwin Chargaff，1905—2002）运用层

析法和紫外分光光度法研究DNA，他发现不同物种的DNA是相差甚远的，同一物种不同器官的DNA则组成一致，这说明DNA并不像人们想象的那样固定而乏味，相反，它与生命本质有着密切的联系；而他的另一项发现则更为有名，就是四种碱基含量不同，但是腺嘌呤和胸腺嘧啶为1∶1，鸟嘌呤和胞嘧啶也为1∶1。以上合称“查戈夫法则”，第一项发现直接推翻了四核苷酸假说，第二项发现则直接影响了双螺旋结构模型的建立。查戈夫的研究为人们接受艾弗里“DNA是转化因子”的结论打开了一扇窗，学界于此时已经做好了接受“DNA是遗传物质”的准备。1952年，赫尔希和蔡斯发表论文，描述了通过同位素示踪法研究噬菌体遗传物质的实验，实验过程我们都很熟悉了。在论文中，他们的结论下得小心翼翼：“含硫的蛋白质在噬菌体增殖中不起作用，而DNA有些作用”[56]。但学界的反应却是迅速接受了“DNA是遗传物质”这一今天看来十分重要的观点。赫尔希和蔡斯的实验能够获得认可，并不像一些教辅材料所称的那样是因为实验设计更加严密，而是因为艾弗里小组的实验已经为这个观点奠定了基础，几年间人们对于DNA结构的认识又有了重要的进展。假设艾弗里小组的实验与赫尔希和蔡斯的实验时间对调，学界的态度可能也是对第一个实验不认可，而对第二个实验完全接受。所以，赫尔希和蔡斯的实验谈不上是对艾弗里实验的改进，而是换了一种实验方法，验证了相同的观点：“DNA是遗传物质。”

破译生物大分子结构的工作是从蛋白质开始的，一方面，蛋白质结构复杂，解决了它，其他分子也就容易解决了，另一方面，很多学者当时都误以为蛋白质就是基因的物质载体。英国的布拉格父子（William Henry Bragg，1862—1942，William Lawrence Bragg，1890—1971）开发了用X射线衍射分析晶体结构的新技术，并于1915年共同获得诺贝尔物理学奖，该技术为后世多种重要生物大分子的结构破解提供了核心工具。1937年，小布拉格担任著名的卡文迪许实验室的首席教授，在这里，他的小组用X射线衍射的手段研究蛋白质晶体的结构。

虽然布拉格小组背景辉煌，还是被人抢了先，他就是美国化学家鲍林。鲍林使用的工具也是X射线衍射技术，并通过建模和数据对比来确定模型，后来DNA双螺旋结构的确定也是用了类似的方法。鲍林成功地在1951年阐明了蛋白质的α-螺旋结构，并且还在1949年发现了镰刀型细胞贫血症的病因——血红蛋白发生了异常。不过，布拉格小组也没有从竞争中退出，佩鲁茨（Max Ferdinand Perutz，1914—2002）与肯德鲁（John Cowdery Kendrew，1917—1997）后来分别弄清了血红蛋白与肌红蛋白的详细结构。另外，他们的同伴中有了两个名字——克里克与沃森。

## 12.2 DNA双螺旋结构模型的建立

1949年，布拉格领导的卡文迪许实验室来了一位博士研究生，他性格外向，时常高声谈笑，这就是克里克。先前他就曾经攻读过物理学博士学位，但因为二战而中止了学业。二战期间，他为英军研究磁性和声学水雷。在读到薛定谔的《生命是什么》后，他对生命科学产生了浓厚的兴趣，并决定投身于此。在卡文迪许实验室，他师从佩鲁茨，研究方向是蛋白质的结构，不过在这方面没有获得特别突出的研究成果，直到后来遇到了沃森。

美国人沃森算是个神童了，15岁时就进入了芝加哥大学，他也读过薛定谔的小册子，之后决定将基因的奥秘作为研究方向。1947年大学毕业后，他在印第安纳大学继续深造，当时这里有穆勒，但是沃森认为果蝇的时代已经过去了，就投入了卢里亚的门下，而后者正是噬菌体小组的核心成员。1950年博士毕业后，他

到了丹麦的哥本哈根大学这一量子力学的圣地，进行生化的博士后研究，不过总觉得无助于揭示基因的秘密。1951年，沃森在意大利的一次学术会议上遇到了伦敦国王学院的威尔金斯（Maurice Hugh Frederick Wilkins，1916—2004）——当时DNA结构研究领域的世界第一人。威尔金斯在会议上展示了DNA的X射线衍射照片，这给了沃森很大启发，他准备去学习X射线衍射的技术。该到哪里学习呢？鲍林无疑是一个好选择，但沃森觉得鲍林太伟大了，应该不会有时间理会缺乏数学和物理基础的年轻生物学家，同时又觉得威尔金斯不大好接近，于是他选择了布拉格小组[11]。

1951年，沃森在卢里亚的推荐下来到卡文迪许实验室，师从肯德鲁，并很快与克里克成为知音。沃森作为噬菌体小组的一员，掌握着当时遗传学最先进的研究成果，而克里克则对X射线衍射技术和相关的模型计算非常精通，两人志同道合，都认为DNA是当前生物学研究中的重中之重，便决定合作研究DNA的结构。

当时对于DNA模型的构建，世界上有三个竞争的小组：第一个是身处美国的鲍林小组，这位伟大的化学家在蛋白质方面已经领先一步了，几乎所有人——包括他自己——都认为DNA的结构也一定会由他先拿下；第二个是国王学院的威尔金斯-富兰克林（Rosalind Franklin，1920—1958）小组，他们在用X射线衍射研究DNA晶体结构方面处于世界领先水平；最后才是卡文迪许实验室的沃森和克里克，他们入手最晚，资历最浅，但结果拔得头筹的却是他们。

为什么沃森和克里克取得了最后的成功？首先要归功于他们的良好合作，越接近现代，科学研究就越不是单枪匹马能够完成的事业，沃森和克里克不同的学科背景使得他们可以在互补的基础上互相激发灵感，配合默契，正如DNA那完美互补的两条链。可惜威尔金斯和富兰克林的合作却无比糟糕，这与女性在科学共同体中的尴尬位置也许有关，与两人的性格和一些误会可能也有关。另一方面，沃森和克里克广泛吸取了别人的长处。他们模仿了鲍林的方法，边搭模型边与X衍射的数据作比照，而这个方法富兰克林是不以为然的；他们敏锐地意识到了查戈夫法则的重要性，而竞争对手当中只有威尔金斯注意到了；引发“双螺旋”灵感的则是富兰克林所拍摄的DNA晶体的X衍射照片，不过该照片是威尔金斯在未经富兰克林许可的情况下拿给克里克看的，之后克里克和沃森也没有和富兰克林打招呼，这件事委实做得有些不光彩，也是被不少人所诟病的一点。最后，他们能够取得成功的另一个重要原因是：他们在把DNA当作遗传物质来研究，这使得他们在构建结构模型的时候同时在思考功能，半保留复制假说的提出有力印证了这一点。

沃森和克里克的研究历程如下[60]：他们最早做出的是三螺旋模型，并且碱基在外，磷酸基团在内，这个模型很快被富兰克林否决了，并且提出了磷酸在外碱基在内的重要意见。在此之后，沃森和克里克关于DNA的研究一度被小布拉格终止，于是他们给了国王学院一套他们所设计的金属架，并提供了一些化学上的有用信息，但这套金属架没有被运用起来。随后，鲍林也做出过三螺旋的模型，这位蛋白质结构研究的权威这次栽了跟头，因为他没经同行把关就直接发表了。听说鲍林破解了DNA的结构模型，沃森与克里克非常沮丧，但看到这位化学领域的大行家犯了和自己一样的错误，他们又松了口气。这段时间，虽然他们都被调去了别的研究，但始终没有忘记DNA。1952年，克里克请同事——化学家、数学家、生物物理学家格里菲斯（John Stanley Griffith，1928—1972，Frederick Griffith的侄子）——帮忙计算碱基间的吸引力，他们本来以为同种碱基会倾向于相互吸引，通过计算了解到腺嘌呤倾向于与胸腺嘧啶连接，鸟嘌呤倾向于与胞嘧啶连接。

同一年里，克里克又从查戈夫那里了解到了嘌呤与嘧啶间的数量关系。奇怪的是，查戈夫明明先前就发表了论文，但鲍林和克里克都是直接从他那里听到后才知道的，并且鲍林还没有重视这一点，也许对当时的科学家来说，科学共同体之间的会议和私下的交往才是获取信息更常用的方式？1953年，沃森在威尔金斯那里看到了富兰克林前一年拍摄的照片，就是各种双螺旋结构发现的相关材料上都有的那张著名的照片，据威尔金斯回忆录中所说，那张照片是富兰克林的合作者戈斯林（Raymond George Gosling，1926—2015）给他的，而富兰克林此时已经准备离开国王学院，他猜测富兰克林是要将数据留给实验室以便后续研究[63]，不过他的确不曾直接去找富兰克林询问过，交流不畅一直是这个小组的问题。沃森在看过照片后马上意识到了双螺旋的可能性，并和克里克取得了布拉格的同意，重启DNA模型的建构。富兰克林在1952年还曾经做过一个报告，证明DNA晶体的结构为面心单斜①，克里克在1953年通过同事看到了这份报告，他马上意识到这说明DNA晶体是对称的，而这意味着DNA的双链是反方向的。在他们构建模型的时候，克里克和沃森在剑桥的同事——美国化学家多诺霍（Jerry Donohue，1920—1985）——告诉他们，碱基是可以以酮式的结构稳定存在的，先前他们一直苦恼于酮式和烯醇式之间的互变异构，而酮式的稳定性意味着氢键可以很好地发挥作用了。至此，DNA模型的完成已经万事俱备，所有的线索都串了起来。这一研究历程充分反映了合作——特别是跨学科合作——的重要性，教师在教学中应加以强调。

1953年4月25日，沃森和克里克在《Nature》上发表了《核酸的分子结构——脱氧核糖核酸的一个结构模型》，这个作者署名

---

① 当前的晶体结构中已不存在面心单斜的种类，它实际上与底心单斜等价。

顺序是两人投硬币决定的，他们邀请了威尔金斯共同署名，但威尔金斯拒绝了，因为他并没有参加模型的构建。同期还有威尔金斯和富兰克林的各一篇文章，从数据上支持了双螺旋模型。DNA双螺旋模型的建立是现代分子生物学开始的标志，而先前名不见经传的两个年轻人成了最后的赢家。

沃森曾经将双螺旋的结构透露给德尔布吕克，而后者从来都是不把学术秘密和优先权放在心上的，所以他告诉了鲍林[60]……好在鲍林当时的研究程度距离正确的模型还很遥远，所以没有造成优先权的纠纷。虽然在DNA这件事上鲍林输给了两个小辈，但他也很快有了自己的收获，获得了1954年的诺贝尔化学奖和1962年的诺贝尔和平奖，有人说他本来离第三座诺贝尔奖也很近了，但就当时的进展程度来看，即使没有沃森和克里克，抢先的也很有可能是富兰克林。

在发表论文之前，沃森和克里克告知了富兰克林他们的模型，出乎他们的意料，富兰克林一改先前对他们全盘否定的态度，完全接受了他们的模型，他们本以为富兰克林是个很难合作的人，但实际上她只是以为他们只想凭空想来解决DNA结构的问题，所以才会产生反感。克里克后来曾经表示，富兰克林实际上离DNA模型“只有两步之遥”，她不知道双链呈反向平行和碱基在酮式结构下可以两两配对[64]。富兰克林后来和克里克夫妇关系很不错，经常到剑桥找克里克讨论学术问题，还与他们夫妇一同旅游过。很可惜的是，这朵科学玫瑰过早地凋萎，1958年她死于卵巢癌，不知与长期从事X射线衍射工作有没有关系。1962年，沃森、克里克和威尔金斯分享了诺贝尔生理学或医学奖，如果当时富兰克林健在的话，不知这个奖是否会有什么变化。

必须要说明的是，威尔金斯作为获奖第三人，时常为人所忽视，甚至有些人会出于对富兰克林的惋惜而对他恶语相向。但实

际上，威尔金斯在DNA结构的研究方面，是确确实实有着自己的贡献的[65]。他也是物理学家出身，甚至曾参与过曼哈顿计划。但在原子弹真的投放后，威尔金斯与当时的很多物理学家一样，无法再面对物理学研究，转而进入别的研究领域。威尔金斯是最早开始用X射线技术研究DNA晶体的人，在富兰克林参与进来之前，他也一直处于该领域的领先水平。很可惜的是，他们两人未能精诚合作，这种关系从他们还未真正碰面时就埋下了伏笔，威尔金斯当时在度假，以为会有一位助手来配合他工作，而富兰克林进入国王学院时，以为自己会独立带领团队开展研究，所以从一开始，两人关系就不可能太好。在富兰克林离开国王学院后，她转换了研究方向。而威尔金斯还在继续研究DNA，从1953年到1962年，他一直潜心研究，提供了许多实验图片与数据，为DNA双螺旋结构的可信性添砖加瓦，而且除了常见的B型DNA，他还研究了C型结构，也为加深对DNA的认识贡献了力量。可以说，即使富兰克林当时还在世，她和威尔金斯谁更应该获奖，也是存在争议的。而威尔金斯获奖时，还专门对富兰克林表示了致谢。所以，建议教师在介绍富兰克林的贡献时，不要忽略威尔金斯的贡献，以帮助学生建立更为全面立体的认识。

## 12.3 中心法则

如果只有DNA双螺旋模型，也许克里克和沃森还会被人怀疑只不过是幸运儿，但接下来他们很快证明了自己。1953年5月30日，他们合作发表了《脱氧核糖核酸结构的遗传学意义》，提出了半保留复制机制，引起了很大反响。在构建DNA模型时，他们除了考虑与数据的匹配程度，还考虑了DNA是怎么发挥身为基因的作用的，那就必然要涉及复制机制。所以在1953年4月的那篇阐明双螺旋结构的文章中，他们就已经表示，根据碱基特异性配对的特点，“提出了遗传物质进行复制的一种可能机理”[56]，并在5月具体阐释了半保留复制假说。他们刚刚开始着手对DNA进行研究时，学界还没有广泛接受DNA是遗传物质的观点，而克里克与沃森能够将DNA作为遗传物质来研究，可能是由于两人都相信艾弗里的研究结果，更可能是因为沃森已经从噬菌体小组得到了一些信息，毕竟论文发表需要时间，赫尔希和蔡斯的实验应该在1951年就已经有了一定的成果。不论原因究竟是什么，到了1953年，DNA的结构与功能已经密不可分，碱基多种多样的排列方式使得它可以携带丰富的遗传信息，而德尔布吕克曾经着迷的基因的矛盾性也有了合理的解释，DNA以碱基互补配对为基础的自我复制机能保证了它在世代间的稳定传递，而基因突变则可以用碱基序列发生变化来解释，这样就完美地解释了它的稳定性与变化性。当然，DNA如此重要，机体必然要有应对其复制中出现的错误的机制，2015年的诺贝尔化学奖就颁给了DNA修复机制的研究工作，林达尔（Tomas Robert Lindahl，1938—）、莫德里奇（Paul Lawrence Modrich，1946—）与桑贾尔（Aziz Sancar，1946—）获奖。

1956年，美国的阿瑟·科恩伯格（Arthur Kornberg，1918—2007）成功分离出DNA聚合酶，在离体条件下实现DNA的复制，并于1959年获得了诺贝尔生理学或医学奖。很有意思的一点是，2006年的诺贝尔化学奖得主罗格·科恩伯格（Roger David Kornberg，1947—）正是他的儿子，其贡献是确定RNA聚合酶的结构以及RNA分子如何构建的图像。父子两代诺奖，研究领域又恰好分别是复制与转录，堪称佳话。

1958年，美国的梅塞尔森（Matthew Stanley Meselson，1930—）和斯塔尔（Franklin William Stahl，1929—）进行了著名

的同位素标记和梯度离心实验，证明了半保留复制假说，这是对于沃森和克里克所提出的机制的判决性实验。1993的诺贝尔化学奖得主穆利斯（Kary Banks Mullis，1944—2019）能够发明PCR技术，实现DNA的大量扩增，利用的就是半保留复制的机理。半保留复制假说的证明是应用假说-演绎法的好材料，可以用于锻炼学生思维，教师应尽量制造条件，用假说-演绎法思路进行教学。需要说明的是，前文提到过，我们是不能用实验结果符合预期去“证明”某个假说正确的，为何这里又可以了呢？这是因为，“半保留复制”“全保留复制”和“弥散复制”是三个互斥且包含全部可能性的假说，实验结果与后两者不符，所以可以证伪后两个假说，那么反过来也就间接证明了第一个假说。所以，在碰到类似情况时，我们是可以使用“证明了某某假说”这样的描述的。

解决了基因自身复制的问题，还有一个大问题亟待解决，那就是孟德尔和摩尔根都曾面对的老问题：基因到底是如何控制性状的？到了20世纪50年代，人们对很多问题的认识都更为清晰了，对核质关系也有了更清晰的判断。伞藻嫁接实验与变形虫切割实验都是我们很熟悉的材料了，后者是20世纪50年代做的，我们知道，缺少细胞核的变形虫还可以存活一段时间，说明变形虫的存活依靠的是细胞质中的物质，只是缺少了细胞核，细胞质中的物质就无法得到补充。而伞藻嫁接实验值得再介绍得清楚一些，因为我们的教材中往往将嫁接实验的结果描述为长出了与假根相匹配的帽，但实际的实验结果是：嫁接后新长出的帽介于两者之间，再次切除这个新生的帽，会再长出一个新帽，这个新帽才与假根相一致。哈默林（Joachim Hämmerling，1901—1980）的这个实验是20世纪30年代做的，他对实验的解释是：细胞核决定了帽的形态，但是这些决定帽形态的物质聚集于细胞质中，所以第一次长出的新帽会混合原来柄中的物质，第二次的新帽产生时，原来的物质已经被消耗完了，所以长出的新帽形态完全由该假根控制[66]。比起我们教材中的简化描述，上述实验结果要更能体现真实的核质关系，一定程度上也是基因与性状间的关系。基因是信息分子，性状由蛋白质体现，可能像比德尔和塔特姆曾指出的那样，基因通过影响酶合成而影响性状，也可能像鲍林曾发现的那样，某种蛋白质的结构异常就会直接导致突变的性状。于是，问题聚焦为：DNA具体是如何控制蛋白质合成的？

双螺旋模型提出后不久，这一问题就已经引发了讨论[7]。1954年，俄裔美国物理学家伽莫夫（George Gamow，1904—1968）提出了DNA结构本身就是蛋白质合成模板的假说，认为游离氨基酸可以进入DNA分子的空穴，并结合成多肽链。他还提出DNA密码是以三个碱基为单位的，因为4种碱基若以一个或两个碱基为单位只能编码4或16种氨基酸，为了给20种氨基酸编码至少需要三个碱基，而如果用四个碱基编码1种氨基酸，就会造成信息的浪费。三联体的猜想颇为天才，后来通过克里克和布伦纳的实验得到了验证。不过，DNA直接指导蛋白质合成则是不可能的，因为DNA位于细胞核，蛋白质却在细胞质内合成。实际上，沃森也曾提出过设想，他认为DNA指导双链RNA合成，RNA进入细胞质后再以碱基对为模板合成蛋白质，与伽莫夫类似，他认为氨基酸是进入RNA分子的空穴处的。这个设想被克里克否决了，克里克指出DNA和RNA本身都不能直接连接氨基酸，需要一种接头分子将它们连起来，就像适配器。这一点在不久后得到了证明，霍利（Robert William Holley，1922—1993）通过几年的研究，成功分离出了tRNA，并解析了其结构，凭借该研究获得了1968年的诺贝尔生理学或医学奖。

1958年，克里克提出了“中心法则”，即，遗传信息只能从

核酸传递给核酸，或核酸传递给蛋白质，而不能由蛋白质传出，这一法则成为分子生物学的基本原则。最初中心法则所指的“核酸传递给核酸”只包括DNA自身的复制和DNA至RNA的信息传递，不过，正如我们在前文中提到过的，1970年，特明和巴尔的摩在研究病毒时，各自独立发现了逆转录现象，也就是遗传信息可以由RNA传递给DNA，于是克里克对中心法则进行了修正，不过核心思想依然没有变化[7]。朊病毒的发现曾经被认为会对中心法则造成新的冲击，不过目前看来，错误折叠的蛋白质对其他蛋白质的影响很可能是通过物化性质造成的，与普遍的信息传递还是有差别的，所谓的逆翻译途径没有实证，中心法则应该暂时还不需要修改。

让我们再梳理一下，克里克提出中心法则时，他对“DNA如何指导蛋白质合成”的答案是：DNA指导RNA合成，RNA在某种适配器一样的分子的帮助下指导蛋白质合成，三个碱基对应一个氨基酸。回头来看，这个思路非常正确，只是细节还需要填充。许多科学家在阐明基因表达的机理方面做出了重要贡献。

1961年是分子生物学发展史上的一个重要年份，这一年发表了以下几项重要工作。（1）布伦纳、雅各布（François Jacob，1920—2013）与梅塞尔森发现mRNA，《Nature》同期背对背发表的是沃森小组的论文，也是关于mRNA的发现。此前，学界曾普遍认为DNA与蛋白质之间的RNA是核糖体RNA，而mRNA的发现意味着学界对转录过程的认识大为加深。（2）雅各布和莫诺（Jacques Lucien Monod，1910—1976）发表了《蛋白质合成的遗传调节机制》一文，除了对他们先前发现的乳糖操纵子进行了清晰阐述，对转录与翻译也有所描述，该论文标志着对DNA与蛋白质关系的认识已经上升到了基因表达的调控水平。（3）克里克与布伦纳利用噬菌体的突变体，验证了三联体密码子假说，并确定了读码框不重叠，为遗传密码的破译打响了发令枪。（4）尼伦伯格（Marshall Warren Nirenberg，1927—2010）和马太（Heinrich Matthaei，1929—）利用人工合成多聚尿苷酸破译了第一个密码子（UUU-苯丙氨酸）。在这一年，转录与翻译的认识水平都大大推进了。雅各布与莫诺于1965年获得了诺贝尔生理学或医学奖。

其后，遗传密码陆续被破译。先是尼伦伯格小组确定了AAA、CCC各自的编码氨基酸；再是奥乔亚①（Severo Ochoa，1905—1993）小组与尼伦伯格小组各自研究了一些氨基酸对应的碱基组成，但不清楚具体的碱基序列，如知道包含2U1C的密码子可以编码丝氨酸，但不知道具体是各种排布方式中的哪一种；再到科拉纳（Har Gobind Khorana，1922—2011）加入竞争，人们开始利用能结合核糖体的硝酸纤维素滤膜，将某种三核苷酸加入反应体系，能留在滤膜上的氨基酸就是该密码子对应的编码氨基酸。最后，随着布伦纳与克里克等人对第三种终止密码子的破译，64个密码终于在1967年被全部破译，DNA与蛋白质之间的“罗塞塔石碑”终于得到了破译，人类在了解基因奥秘的道路上又前进了一步。尼伦伯格、科拉纳与霍利一起分享了1968年的诺贝尔生理学或医学奖。

值得一提的是，克里克在整个遗传密码的破译过程中起到了协调与整合作用[67]，并提出了反密码子与密码子前两位严格匹配、第三位的匹配关系不完全严格的“摆动假说”，而且由此推断出了第三种终止密码子，可以说是一直活跃在分子生物学研究的第一线，是非常了不起的理论家，同时也提供了精妙的实验。20世纪60年代末，可能是觉得分子生物学的基本问题已经得到了

① 1959年的诺贝尔生理学或医学奖得主之一，当时误以为他发现了RNA聚合酶，后来才意识到那是多聚核苷酸磷酸化酶，它在遗传密码破译中起到了一定的作用。

解决，他转而投入了对意识的研究。这一问题的复杂程度不言而喻，相关研究要走向成熟估计还需要很长的时间。

实际上，复制、转录与翻译的过程基本弄清了，并不等于对基因及其控制的性状就彻底掌握了。人们发现原核生物和真核生物都具有编码区和非编码区，真核生物的编码区又分为外显子和内含子，1993年的诺贝尔生理学或医学奖就颁给了断裂基因的发现者——罗伯茨（Richard John Roberts，1943—）和夏普（Phillip Allen Sharp，1944—）。那么，那些最终不影响蛋白质合成的核酸有什么作用呢？它们占据了DNA的绝大部分，不大可能全都是“垃圾DNA”，但它们的作用和隐藏的进化史上的信息，都还需要进一步的深入研究。另外，从基因学说建立以来，人们一直认为除了随机突变以外，基因是稳定的，它在染色体上的位置是固定不变的。可是美国的女科学家麦克林托克（Barbara McClintock，1902—1992）却在对玉米的研究中发现有的基因片段可以移动位置，在染色体内或染色体间自发转移，并具有调控其他基因的作用，她于1951年冷泉港的学术交流会上报道了自己的发现，理所当然地遭到了冷落。可是随着时间推移，越来越证明了麦克林托克的正确，“转座子”在原核生物和真核生物中都有所发现。1983年，她获得了诺贝尔生理学或医学奖，这是自穆勒之后第一次有遗传方面的工作独立获奖。近年来，一方面人们发现蛋白质在翻译后的修饰实际上非常复杂，蛋白质组学成为研究热点；一方面名为表观遗传学的新研究领域兴起，基因在核苷酸序列未曾发生变化的情况下，表达水平也可能发生变化，而这种变化有时是可以遗传的，这些研究使得基因型与表型间的关系更加扑朔迷离。双螺旋模型的建立曾被视为只是探究基因秘密的开始，而目前看来，中心法则的建立也依然只是探究基因与性状关系的开始。1990年，人类基因组计划正式启动，首任负责人是沃森，中国参与了1%的测序工作，该计划已于21世纪初完工，但这依然只是个开始。后基因组时代的工作更多，人类要了解生命的秘密，依然任重而道远。

## 12.4 表观遗传学

作为当代最大的热点领域之一，表观遗传学值得我们深入了解，它的发展也标志着人类对基因与性状关系的认识进一步得到了加深。

表观遗传学（epigenetics）一词由沃丁顿（Conrad Hal Waddington，1905—1975）于1942年提出，这一概念一开始是为了解释多细胞生物体是如何从一个细胞发育而来的。因为多细胞生物的不同细胞存在着明显的差别，很多学者认为这是因为细胞分化时基因组本身发生了变化，而沃丁顿则认为基因没有变化，是基因的表达发生了变化[68]。我们今天知道，除了B细胞与T细胞这种特例，沃丁顿的观点才是对的。epigenetics一词与epigenesis（渐成论/后成论）很像，沃丁顿提出这个概念也是想表达表型不仅由基因决定，也受环境影响，在发育过程中逐渐形成，这个大思路今天看来也是对的，不过沃丁顿本人并不清楚具体的机制。沃丁顿最有名的贡献是提出了“沃丁顿表观遗传景观”，他把发育过程中的细胞分化比作岩石从山顶滚落山脚，从山顶到山脚有很多路径，不同的细胞就像经由不同路径滚到不同位置的石头，这不同的路径就是基因的选择性表达。这个比喻非常巧妙，也很形象，位于“山顶”的细胞具有很强的细胞全能性，位于“半山腰”的细胞全能性就发挥得有限了，而位于“山脚”的细胞就是分化终端的细胞，很难再回到山顶，重新表现出全能性。

前文已经在细胞全能性的部分介绍过植物与动物细胞全能性

的相关研究，现在我们要换个视角，从表观遗传学的角度来看戈登与山中伸弥的研究。在戈登的研究中，他将动物体细胞细胞核放入去核卵细胞中，于是该细胞重新表现出了全能性。这实际上就支持了沃丁顿的观点：分化的细胞依然具有与受精卵相同的基因组，只是基因发生了选择性表达。用今天的知识回头看，去核卵细胞抹掉了体细胞基因所携带的表观遗传修饰[69]，于是，它就从山底重新回到了山顶，表现出了与受精卵同等水平的全能性。而山中伸弥的研究是直接对体细胞进行的，没有借助卵细胞细胞质的帮助，而是通过各种基因的转入来判断对细胞分化起关键作用的基因[69]，今天回首望去，他当时所发现的关键基因都是与表观遗传密切相关的基因。所以，细胞全能性与细胞分化问题，本质上就是表观遗传的问题，不同细胞带上了不同的表观遗传标记，从而走上了不同的分化道路，通过基因的选择性表达，形成不同的形态，实现不同的功能。

表观遗传标记包括DNA甲基化与组蛋白的修饰，如组蛋白乙酰化，DNA甲基化会抑制基因表达，而组蛋白乙酰化会开启基因表达，当然实际状态更为复杂，往往表现为表达的上调与下调，而不是直接的开启与关闭。

*agouti*小鼠经常用于研究表观遗传学。*agouti*是一种毛色基因，当它表达时，小鼠毛色会呈黄色，正常情况下，它在毛发形成的中间时期开启表达，于是小鼠形成前端黑、中间黄、根部黑的毛发。它的突变基因*a*会导致*agouti*基因保持关闭状态，于是小鼠会形成黑色的毛发。而$A^{vy}$突变会导致*agouti*基因保持开启状态，于是小鼠会形成黄色的毛发。根据经典遗传学，$A^{vy}$相对于*a*是显性突变，$A^{vy}a$小鼠应全部为黄色毛发的性状，但实验结果却并非如此，小鼠表现出了从黄色到经典带状色彩的各种毛色。研究小组对此做出了解释，$A^{vy}$突变上游存在反转录转座子，其表达导致对

下游*agouti*控制的异常，使得其始终开启，所以，当$A^{vy}$突变中的反转录转座子DNA甲基化程度很高时，它的表达就受到了抑制，也就无法影响*agouti*的表达，使得小鼠毛色呈现野生型状态；而反转录转座子没有被甲基化的个体，*agouti*基因始终表达，毛色就呈黄色；其余的介于两者之间[69]。可见，基因完全一致，但DNA甲基化水平不同，小鼠就会表现出不同的性状，而且这种甲基化修饰是随机的，与经典遗传学可预测的比例关系不同，表观遗传的随机性要大得多。

表观遗传可以解释很多问题，如同卵双胞胎的差异（表观遗传修饰因环境差异发生差异）、三花猫均为雌性（两条X染色体在发育早期的不同细胞中随机失活一条，导致毛色出现镶嵌分布）、基因组成相同的蜜蜂幼虫分别发育为蜂王与工蜂（蜂王浆影响DNA甲基化等表观遗传水平）等。表观遗传修饰明显可以在细胞分裂时由老细胞传递到新细胞，而荷兰1944年11月到1945年5月的饥饿冬天事件，则使我们看到了表观遗传在世代间的力量。孕早期营养不良的母亲所生下的孩子，虽然出生时往往表现正常，但后来肥胖率要高于人群平均数值，且这种效应有时还会再传递到他们的后代。对小鼠进行的实验也显示，DNA甲基化水平会以一定比例传递给后代，毛发为黄色的母鼠，后代没有深色毛发的，说明后代与它一样，相关DNA甲基化水平低；而毛发为深色的母鼠，各种颜色的后代均有，说明有些后代遗传到了相关DNA的高水平甲基化修饰[69]。有些人认为这些研究结果说明拉马克的获得性遗传是对的，达尔文与孟德尔受到了挑战。我们要再次明确，获得性遗传的思想古已有之，拉马克只是用它来解释进化，从这个角度讲，表观遗传随机性太强，在世代间传递不稳定，不可能成为进化的主流力量，所以说表观遗传推翻达尔文是不合适的。同时，表观遗传学也并没有否定经典遗传学，只是指

出基因型与表型间的关系是很复杂的，我们应该将其看作对经典遗传学的补充而不是推翻。如今，表观遗传学已经成为遗传学的重要组成部分，帮助我们加深对基因与性状关系的认识。生命是复杂的，因而更为有趣。

## 12.5 分子生物学技术的发展

随着对基因认识的加深，新的技术也层出不穷，很多技术也反过来进一步促进了基础科学的研究。下文列举了与分子生物学技术相关的诺贝尔奖：

1948年，蒂塞利乌斯（Arne Wilhelm Kaurin Tiselius，1902—1971）获诺贝尔化学奖，他开发了电泳技术。虽然该技术开发时，分子生物学还尚未建立，但电泳技术后来成为分子生物学研究的重要手段。

1978年，阿尔伯（Werner Arber，1929—）、内森斯（Daniel Nathans，1928—1999）与哈密尔顿·史密斯（Hamilton Othanel Smith，1931—）因限制性内切酶的发现及其应用而获诺贝尔生理学或医学奖，这是基因工程的重要工具，推动了基因重组技术的发明。

1980年，伯格（Paul Berg，1926—2023）因重组DNA方面的开创性研究而获诺贝尔化学奖，DNA的重组已经是如今最常用的基因工程手段之一，也有学者与伯格同期开展研究，不过最早产生相应想法的和最早制备出重组DNA分子的都是伯格。与他分享奖项的是吉尔伯特（Walter Gilbert，1932—）和桑格，他们分别开发了两种DNA测序的方法，其中桑格已经是第二次获奖。

1993，穆利斯因发明PCR技术而获诺贝尔化学奖，该技术应用之广泛，已无需赘述。与他分享奖项的是米歇尔-史密斯，他开发了基于寡核苷酸的定点突变技术，对蛋白质研究帮助很大。

2006年，法厄（Andrew Zachary Fire，1959—）与梅洛（Craig Cameron Mello，1960—）获得诺贝尔生理学或医学奖，他们发现了RNA干扰现象，如今，RNA干扰已经成为研究基因功能的常用手段之一。

2007年，卡佩奇（Mario Ramberg Capecchi，1937—）、埃文斯（Martin John Evans，1941—）和奥利弗·史密斯（Oliver Smithies，1925—2017）获得诺贝尔生理学或医学奖，埃文斯成功实现了小鼠胚胎干细胞的培养，而卡佩奇和史密斯成功利用基因敲除技术实现了小鼠胚胎干细胞基因组的改造，为研究基因功能提供了新的手段。

2008年，下村修（Shimomura Osamu，1928—2018）、查尔菲（Martin Lee Chalfie，1947—）与钱永健（Roger Yonchien Tsien，1952—2016）因绿色荧光蛋白GFP的发现与应用开发而获诺贝尔化学奖，GFP已经成为通过基因工程促进细胞生物学研究的重要工具。

2020年，卡彭蒂耶（Emmanuelle Marie Charpentier，1968—，第6位化学奖女性得主）与道德纳（Jennifer Anne Doudna，1964—，第7位化学奖女性得主）因开发CRISPR/Cas9基因编辑方法而获诺贝尔化学奖，这是当前基因编辑研究中使用最多的一种方法，一经推出就受到了全世界的关注，该技术于2012年发明，2020年就获得了诺贝尔奖，可见其热度之高。值得一提的是，年轻的美籍华裔科学家张锋（1981—）在该领域研究中处于领先水平，首先证明了CRISPR/Cas9技术可以应用于人类细胞。

2023年，卡里科（Katalin Karikó，1955—，第13位生理学或医学奖女性得主）与魏斯曼（Drew Weissman，1959—）获得诺贝尔生理学或医学奖，他们发现核苷碱基修饰可以用于开发有效的

mRNA疫苗。通过对尿嘧啶的修饰，提高了疫苗的安全性，使得mRNA疫苗得以投入使用。这项研究充分反映了分子生物学技术的应用价值，它是其他生物学分支学科的重要研究工具。

新技术的发展也带来了生物伦理学方面的讨论，几乎每一项生物学新技术都引发了大众在伦理方面的关注。不同于《弗兰肯斯坦》中的疯狂科学家形象，大多数科学家其实都在自觉地注意伦理方面的问题，也在努力避免技术带来的潜在风险。1975年召开的第二次阿西洛马会议可以看作这方面的标志性事件，在这次会议中，科学家们针对重组DNA研究是否应该受到限制展开了讨论，会议最终通过了一项提案，不同类别的实验被划入不同风险等级，要受到不同水平的限制[53]。之后，虽然学界与社会大众之间在各种问题上时有分歧，但整体而言，研究还是在正常进行。不过，偶尔还是会有违背生物伦理学的事件发生，典型代表就是2018年的“基因编辑婴儿”事件，该事件的主人公为了预防婴儿未来患上艾滋病，将基因编辑中很难避免的脱靶风险带给了无辜的婴儿，而这些婴儿本身面临的艾滋病风险却并没有那么高。这一事件当时引起了轩然大波，特别是科学家们，他们愤怒于该研究对医学伦理的漠视，努力向社会大众科普这一研究为何是该被批判的[70]，我们可以从中看到科学家们强烈的责任心。

某些伦理上的争论可能看起来意义不大，因为它们根本不是技术上的问题，但是这些非技术性的问题却为规范和法律的制定提供了一定的依据。可以说，如果没有伦理上的争论，科学技术就无法规范性使用，因为这些技术毕竟是在社会中应用的，必须要考虑到应用中的种种实际问题，科学需要伦理的在场，活跃地在场。当然，不同国家不同社会情况有所不同，要求全球具有普世伦理是不现实的，我们无法避免地会存在一些问题，但起码要为消除问题尽最大的努力。从根本上来说，生命科学工作者应该持有的几个观念是：尊重生命，这包括人类与其他生物；注重公平，努力促进技术的公平应用，重视大众的知情权；拒绝滥用，特别是在战争中的技术滥用；面向整体，视野要开放，要有整体意识，要看到某项技术应用对整个全球的生态系统会有怎样的影响。向着这几个方面努力，遵守法律规范的约束，并正视社会大众的质疑，应当就可以将研究工作导向最健康的方向。科学技术是一把双刃剑，而使用它的是我们自己，希望科学教育能够为它的正当使用发挥自己的一份作用，与每一位科学教育者共勉。

# 第十三章　生态学

在20世纪，除了分子生物学之外，还有另一门新兴的热门学科，就是生态学。生态学一词由海克尔于1869年创立，是研究生物与环境关系的科学，它萌芽很早，但真正建立起来并蓬勃发展还是从20世纪开始的。生态学是社会关注的热点，已经不仅仅是一门自然科学，这与20世纪50年代以来人们对环境污染和能源短缺的正视和重视有关，也与社会公众对“科学技术是把双刃剑”的认识日益深刻有关。

## 13.1 两种传统

在正式介绍生态学的发展历程前，我们需要先来看一下生态学的两种思想传统。

从两次世界大战结束后开始，人们对科学技术的无限制运用产生了恐惧与反思，“另一种科学”和“另一种技术”新思潮开始萌芽，这种科学追求整体观、追求人与自然的和谐，这种技术追求持续性发展、追求低耗无污染，生态学在人们心中是符合这种新思潮的。而生态学内部实际上派别林立，概括起来起源于两种思想传统，在生态学的发展过程中，这两种传统始终互为消长，但从未消失，直至今日。美国著名环境史家唐纳德·沃斯特（Donald Worster，1941—）将这两种传统称为“阿卡狄亚”式的和“帝国”式的[71]，而生态伦理学一般将它们称为“非人类中心”和“人类中心”的。

### 13.1.1 阿卡狄亚式的态度——非人类中心生态伦理学的体现

阿卡狄亚是古希腊的一个高原地区，这一地区的居民主要从事游猎和畜牧，在西方，“阿卡狄亚”被用来形容田园牧歌式的生活。

在伦敦不远处，有一个宁静的小村庄，名叫赛耳彭，它历史悠久且相对封闭，但是当地的生物状况却为很多人所知，甚至达尔文将他的赛尔彭之行称为朝圣[71]，这都是由于18世纪时当地有一位著名的牧师——吉尔伯特·怀特（Gilbert White，1720—1793）。

怀特所著的《塞耳彭自然史》被认为是第一本生态学著作，同时他也被视为生态思想的创始人。他是一位持自然神学观点的博物学家，但是比起大规模采集标本进行分类，他更关心他那不大的教区内各种生物是如何生活在一个相互联系的系统中的。他特别重视大自然的整体性，“以蚯蚓为例，在自然的链条上，它似乎是不足道的一小环，而一旦丧失，则会留下可悲的缺口”[72]。他赞美大自然，认为大自然是“一个伟大的经济师”，他用优美的笔触描写那个美丽的小村庄，充满着人与自然和谐共

处的田园牧歌式的梦幻感，“听那好睡的金龟子嗡嗡振翅而来，或听蟋蟀的尖鸣；看蝙蝠斜飞过树林；听远处落水的声音……每一乡下的景色，声音，与气味，都纠葛在一起；牧羊的铃声叮当，牛儿在低语；新刈的干草，香气浮动于风中，树林的农舍中，冒出了炊烟缕缕”[2]。

怀特的世界是如此和谐、美丽、稳定，但实际上，就在怀特写作的同时，社会正在急剧地发生变化。英国的美洲殖民地打响了独立战争，而隔海相望的法国在他的书送去出版的那一年开始了轰轰烈烈的法国大革命。对他个人影响更大，同时对自然环境影响也更深远的是：英国开始了产业革命[71]。到怀特的著作出版时，工厂和大机器生产已经烈火烹油般地发展了起来，“现代化进程”与怀特笔下的世界格格不入，其差异之大，随着时间流逝，益发无法忽视。

随着工业化的迅速发展，土地也越来越多地被开垦为耕地，那些原始的自然景观以完全可以察觉到的速度消失，其速度之快引起人们的忧心。到了19世纪，怀特的塞耳彭就成了圣地与梦想[71]。怀特的自然观是整体的、联系的、和谐的，这种自然观在20世纪与今天更引起人们的重视，忽视自然界的整体性和复杂性会造成严重的后果，这一点已经成为共识。怀特的生态思想影响了一代又一代人，从梭罗（Henry David Thoreau，1817—1862）的《瓦尔登湖》到卡逊（Rachel Carson，1907—1964）的《寂静的春天》都可以看到这种思想的影子。

不过，虽然怀特的生态思想大体上是生物中心的，没有将人与自然割裂开，但他也表示了对害虫的反感，并且“如果人们领会了上帝的意图，他肯定需要人助他一臂之力”[71]。彻底抛开人类主观意识的价值判断是不可能存在的，彻底抛开人类利益的生态伦理也是不可能实现的。

### 13.1.2 帝国的事业——人类中心生态伦理学的体现

西方思想存在着一个影响极大的传统，就是绝对的人类中心，这与其基督教传统密不可分。在基督徒看来，自然世界的一切都是上帝赋予人类的，这就将人类与自然界和自然界中的其他生物截然分开。西方的科学是建立在这种宗教基础上的，有了清晰的界限才有主客体之间的二元对立，于是人类才能将自然当作纯粹的客观对象来研究，也才能将它完全机械化来研究其中的规律。这与中国为代表的东方传统截然不同，古代中国有着天人一体的思想传统，虽然一定程度上是政治性的，但也使得人与自然和谐相处的思想在中国深入人心。

回到西方，文艺复兴以来，虽然人们一定程度上得以从教条化的束缚中解脱了出来，但是自然观并没有变化，并且随着科学技术的发展而走上了征服自然的道路，典型代表就是培根。培根描绘了一幅野心勃勃的人造乐园的画卷，自信、乐观、积极改造，要“将人类帝国的界限，扩大到一切可能影响到的事物”，并且“世界为人服务，而不是人为世界服务”[71]。英国的产业革命可以看作对培根美好设想的遥远回音，帝国的事业发展速度极快，有时有些太快了。

在我们今天的视野中，生态学好像和这种自然观距离很远，它似乎是专门遏制这种不知休止的对自然的征服和改造的。但实际上，就在怀特同时期的18世纪，另外一种生态学方面的传统就已经出现了，代表人物是著名的林奈。在林奈的自然世界里，同样有着复杂的联系与和谐的景象，但其核心与怀特是迥异的。林奈了解食物链的存在和生态位的分化，在他看来这是上帝智慧的体现，上帝安排“那些无害而可食的动物”努力增殖，以满足它们的捕食者[71]，仿佛为邻居提供食物就是它们的任务。而最重要的一点在于，“所有的东西生来都是为人类服务的”，它们绝大多数都能直接或者间接地为人类所用。上帝赋予人类如此优越的地位，所以人类应当奋勇承担起与他的地位相对应的任务，那就是增加那些对他有用的物种，同时消灭那些“讨厌而无用”的物种[71]。帝国的事业便扩展到对其他生物的处置上，这是另一种意义的“天赋人权”。

人类中心主义实际上是很合情理的一种存在，站在人类自己的立场上，不以自己为中心又该以谁为中心呢？只可惜，人类知识实际上是有限的，而自然又经不起人类反复试错，而更为关键的是，自然并不真的是与人类截然分开的纯粹客体。所以，20世纪初对食肉动物的国家性的捕杀、大规模的农药和除草剂的喷洒、原始森林和湖泊的耕地化、不可再生能源的奢侈使用等，结局统统是自食恶果。人类——最起码是大部分人类——不可能真的背弃自己的立场，而各种生态危机又不可能无视，这就导致了现代人类中心论的产生。现代人类中心论虽然依然以人类的发展为核心，但强调可持续性发展，反对对自然的掠夺式经营。

### 13.1.3 能否统一

虽然在核心道德观和价值观上两者存在着本质差异，但是全球生态系统是一个整体，这已经是所有人的共识，所以在某种程度上，可能可以追求两种不同传统观念的统一。不论站在哪一种立场上，目前人类都必须要强调对自然的保护，并且由于知识的有限，对任何一种生物都不能简单地抹消掉，这应该是两派可以统一的地方。如果能够认识到生态系统是复合系统，牵一发而动全身，并且人类也是生态系统中不可分割的一分子，完全不可能独善其身，那么站在哪一种立场上可能也就不是那么重要了。作为教师，我们要加强渗透：生物圈是生态共同体、所有生物都有内在关联、维护多样性、重视可持续性等观念。同时，建议大家尽量避免使用“河流生态系统能够为人类提供……”这样的明显人类中心视角的句式，而是换成“从河流生态系统中，人类可以获得……”这样的描述，因为我们每一个人天然就会站在人类中心的立场上，教师不需要对其强化，反而要尽量避免对学生造成“自然界的一切都为我们服务”的误导，这样才能引领他们更好地内化生态意识。

## 13.2 经典生态学

### 13.2.1 生态学萌芽阶段

生态学的萌芽阶段很早，远远早于前面所说的两种传统的18世纪。原始人类在生产实践中，就已经积累了很多生物的习性、生物间的相互关系、生物在不同环境的分布等等有关生态学的知识，不过这种知识并不系统，距离独立学科相去甚远。例如我国古代典籍中的相关内容，西方古代的博物学研究等，都是生态学萌芽时期的知识体现。从远古时期到文艺复兴时期，均属于生态学的萌芽阶段。

### 13.2.2 生态学建立与成长阶段

从17世纪至20世纪50年代，是生态学的建立与成长阶段。

《塞耳彭自然史》是公认的第一本生态学著作，可以视为小区域内生态系统中各种生物之间和生物与环境之间关系的研究。德国科学家洪堡（Alexander Humboldt，1769—1859）的研究则是大尺度研究，他在世界各国周游，是研究植物群落与环境关系的先驱，发现了气候与植物地理分布的关系，他是植物地理学的创始人之一。达尔文也是生态学研究的先驱之一，他的自然选择学说是生物

与环境间关系的重要表述，达尔文也注意到了生态位分化的现象，这种生态位分化表现到进化生物学就形成了辐射进化。生态学一词由海克尔——达尔文的支持者——所创立，应该不是偶然。

生态学有不同的研究层次，下面分别介绍：

个体生态学起步较早，其研究内容为从个体水平研究生物对环境的适应性，这是后来的种群生态学、群落生态学和生态系统生态学的基础。可以追溯到英国化学家波义耳在1670年发表的低气压对动物效应的实验，这是动物生理生态学的开端。1735年，列奥米尔（René Antoine Ferchault de Réaumur，1683—1757）在其昆虫学著作中，记述了许多昆虫生态学的资料，包括积温对昆虫发育的影响。

1840年，李比希提出植物矿质营养最小因子定律，这一理论后来被扩展至其他环境因子，并发现不仅环境因子值太低会对生物造成限制，值太高也同样会成为生物的限制因子。1913年，谢尔福德（Victor Ernest Shelford，1877—1968）提出耐性定律：生物存在生态适应上的最小量和最大量，它们之间的范围就是耐性限度，耐性定律是生态学的基本规律之一。

在这一时期，还曾经在观察的基础上总结出了一些“法则”，如伯格曼法则——恒温动物的个体大小与环境温度呈负相关；阿伦法则——恒温动物身体的突出部在气候寒冷的地区较短。这些法则基本都是对某种现象的简单概括总结，其解释也往往都是猜测，并且大多具有反例，所以只能成为法则（rule）而不是规律（law）[2]。

种群生态学是在马尔萨斯的人口理论基础上发展起来的，其研究重点是种群数量增长与调节的数学模型，其中动物种群生态学发展较早，更为发达。在不受环境影响的情况下，生物个体呈指数增长，而由于环境具有最大容纳量，所以生物个体的实际增长模型呈逻辑斯蒂曲线模型，在此基础上，又发展出r对策生物和K对策生物的概念。

高斯（Georgy Frantsevich Gause，1910—1986）于20世纪30年代进行了一系列关于草履虫的实验，堪称种群生态学的经典研究。他将两种生态学上很接近的草履虫——双小核草履虫和大草履虫——分别单独培养，两种草履虫都呈逻辑斯蒂曲线增长；而将它们一起培养时，一开始，两种草履虫种群数量都增长，而双小核草履虫增长更快，16天后，大草履虫完全消失，只有双小核草履虫留存下来，并接近单独培养时能达到的种群大小。高斯又将大草履虫和袋状草履虫共同培养，这两种草履虫虽然取食同一种食物，但所处位置不同，前者摄食悬浮的杆菌，而后者摄食底层的杆菌，结果它们共存了下来。这一现象被总结为高斯准则（Gause's Principle），即竞争排斥原理：两个物种除非在栖息地、食性、活动时间或其他方面有所不同，否则它们是不能在一个地区生活的[2]。

高斯的研究虽然让我们看到了种间竞争的残酷性，但从第二个实验中，我们也能够推测出：物种之间的竞争并非永远导致毁灭。实际上，正如其他种间关系一样，相互竞争的物种之间也存在着协同进化，只要能够实现生态位的分离，就能够共存下来。当然，捕食者-猎物（包括动物-动物和动物-植物）、寄生者-寄主之间也都存在着协同进化，这种协同进化是一场军备竞赛，也是一场逆水行舟不进则退的竞赛。种群生态学与进化生物学上称其为“红皇后效应”，来自著名的童话《爱丽丝镜中世界奇遇记》，书中红皇后对爱丽丝说：“你必须用力奔跑，才能使自己停在原地”，科学家以此比喻捕食者-猎物之间的协同进化关系。此外，物种之间还具有互利共生这种正相互作用，生物界在亿万年的进化中，形成了自己的和谐与平衡。

种群数量调节的方式方面，一直存在着各种争论[73]。早期的

争论集中于种群数量受气候调节还是生物调节。气候学派早期观点为：种群不存在平衡密度，总是波动变化，影响其波动的因子为气象因素，后期针对生物学派的争论，也发生了一些变化，主要观点为：反对生物因子与非生物因子的划分，比如，植物叶片既是昆虫的食物，也是昆虫的庇护所；反对划分密度制约因子与非密度制约因子，认为所有因子实际上都与密度有关。而生物学派认为，种群存在平衡密度，由竞争、捕食、寄生等这种生物因子所决定，提出密度制约因子与非密度制约因子。1957年的种群生态学会议上，争论达到了高潮，随后也出现了折衷派。实际上，两大学派的研究对象是有所差别的，气候学派的研究对象往往是r对策者，如小型的昆虫，而生物学派的研究对象往往是K对策者，如较大型的鸟类，在真实的自然环境中，两者所力主的情况都有所发生。这也是生态学研究中的一个特点，不同区域、不同环境、不同物种，所适用的理论往往有所差异。此后，还有些学者提出了种群内部的因素起决定性作用的理论，如行为、内分泌和遗传因素，统称为内源性因子调节学说，而气候学派和生物学派则统称为外源性因子调节学说。现代种群调节理论强调整体性原则，将种群放在生态系统中去考虑，同时重视多平衡点的现象，在种群发展的不同阶段调节因子有所不同。除了理论研究方面，种群动态相关研究还具有非常重要的应用价值，典型例子如我国生态学家马世俊（1915—1991）为防治东亚飞蝗而进行的一系列研究。

群落生态学起于洪堡的研究，他最早注意到自然界植物的分布并非杂乱无章，而是根据一定的环境因素集合成群落，并有其特定的外貌。瓦尔明（Johannes Eugenius Bülow Warming，1841—1924）是现代生态学的创始人之一，他在1909年出版了经典著作《植物生态学：植物群落研究介绍》。瓦尔明指出了“共栖”和“共生”对生物的重要性，而这与生存竞争并不矛盾，虽然大部分情况下从任何一个物种的角度上看都“不存在为共同利益而进行的合作”，但将视野放在更高的层次上，就可以看到物种间相互关系对整个群体的贡献了。他还提出了植物群落的演替动态过程，这是群落生态学后来的研究重点[71]。有些动物学家也注意到了动物群落的存在，1877年，默比乌斯（Karl August Möbius，1825—1908）的《基尔湾动物志》是生态学的早期经典，他在研究牡蛎时发现牡蛎只生活在一定的环境条件下，并且总与一定组成的其他动物共同出现，形成比较稳定的有机整体，并将其称为生物群落[73]。谢尔福德是将植物群落生态学与动物群落生态学统一起来的先驱。不过正如种群生态学在动物生态学中较为发达一样，群落生态学在植物生态学中发展更早也更成熟，这与动物能活动，彼此间的组合更为松散和机动有关。

克莱门茨（Frederic Edward Clements，1874—1945）的顶级群落学说是演替学说发展成熟的标志，他认为演替是存在统一的终点的，这就是顶级群落，这种顶级群落由气候所决定。在同一气候带，不论初始群落是什么状态，在长时间的演替后都会形成同样的顶级群落。这种单一顶级的理论与现实情况的错综复杂相比显得过于简单了，坦斯利（Arthur George Tansley，1871—1955）提出了多顶级的理论，他认为特殊的土壤可能导致土壤顶级，动物的食草作用可以导致生物顶级，经常发生的火灾也可以导致一种与火有关的顶级，他特别强调人类活动的影响，并反对将人工生物系统视为低级的不稳定的群落的观点，而将其称为人为顶级。单顶级和多顶级的争论不仅仅是学术上的争论，也涉及如何看待科学技术的问题，人类的努力是不是比不上自然自己的创造呢？人为的群落是不是就无法达到最合理的平衡呢？当然，无论争论的结果如何，人类是不可能放弃创造自己的生物世界的，比如广阔的农田。不过，20世纪30年代，先前曾将大片大片的草原

都改为耕地的美国发生了严重的尘暴，就此将顶级理论带入大众的视野，人们意识到，即使气候不是唯一的决定因子，自然界也已经提供了一个顶级群落的范本——北美的大草原，那看上去很不符合人们“更经济地利用土地”的愿望的草原，原来有着它们自己的一套道理，它们是稳定与和谐的，而破坏了它们的后果就是稳定性的大大降低[71]。自此，虽然顶级群落往往不符合人类的价值观，它们的存在也不能被轻视了，人类在开发自然时不得不注意，不要偏离顶级群落太远，那往往意味着危险。

生态系统生态学是由坦斯利奠基的，他于1935年提出的生态系统的概念实际上受到了物理学的影响，这门学科自建立伊始便一直向着物质循环和能量流动的定量计算的方向努力。照沃斯特的观点看，坦斯利的生态系统是致力于消除“生物群落是一个有机体”这种看上去很像活力论的观点的，同时他也厌烦了无休无止的“整体大于部分之和”，在他看来，“这些整体要加以分析的话，仅仅只是联为一体的各个部分的综合作用”[71]。不过有趣的是，生态系统概念在后来成了更大的“整体”，而将无机物纳入生态系统的做法很可能影响了利奥波德（Aldo Leopold，1887—1948），后者提出了土地共同体的概念，将土壤、气候、水、植物和动物共同纳入土地共同体，这实际上也就是生态系统。利奥波德的土地伦理呼吁人类要从土地征服者这一角色转为土地共同体中平等的一员，所以要尊重其他成员，更要尊重这个共同体本身。利奥波德是非人类中心主义的重要代表人物，自他之后，很多生态伦理学家都将生态系统视为一个整体，并将人类视为其中的一个普通成员。另一方面，生态系统生态学被视为“自然经济学”，亦即关于如何“管理”自然的学问。埃尔顿（Charles Sutherland Elton，1900—1991）提出食物链中“生产者”和“消费者”的概念，这种概念完全是经济学的。后来，对于能量流动的精确计算和“生产力”这样的词汇更是与经营管理息息相关。在这里，我们可以看到生态学的另一个传统——人类中心的帝国的扩张——的影子。同一门科学的发展能够融合两种截然不同的思想观念，这在生态系统生态学中尤为突出，它的内涵极为丰富，毕竟它的研究范畴确实是太大也太广了。

## 13.3 现代生态学

二战以来，种种问题突显出来，无法忽视。环境污染、人口爆炸、资源短缺、全球性的气候变化、生物灭绝速度加快、水土流失、沙漠化加剧等等重大问题，无不攸关人类自身的生存质量，而它们与人类一直引以为豪的科学技术的发展不无关系，人们开始认识到“科学技术是一把双刃剑”，也开始认识到“只见树木不见森林”式的自然开发是存在问题的。在这种时代背景下，生态学得到了迅速的发展，并受到了社会大众的重视。

现代生态学要面对各种环境问题，所以应用生态学是发展很快的一个分支。同时它与其他学科联系密切，不只是生物学内部的分支学科，还受到了数学、物理、化学、工程等学科知识与技术的渗透，并影响到了文学、历史学、教育学等社会科学，从“生态视角”看问题已经成为当代各个学科的一种发展方向。可以说，生态学是拥有分支学科和交叉学科最多的一门生命科学。

现代生态学研究向着宏观与微观两个方向发展，宏观至全球生态学，微观至分子生态学。而传统的从个体至生态系统生态学也都各自取得了很多成果，目前看来，种群生态学是基础，生态系统生态学是主流。现代生态学中各种交叉学科发展很迅速，如化学生态学、进化生态学、行为生态学等，其中洛伦兹（Konrad Lorenz，1903—1989）对鸟类的研究、弗里希（Karl von Frisch，

1886—1982）对蜂群的研究和廷伯根（Nikolaas Tinbergen，1907—1988）对本能行为的研究等行为生态学的研究在1973年获得了诺贝尔生理学或医学奖。另外，系统科学的方法丰富了生态学的方法论，其中系统论强调研究对象的整体性、关联性、动态平衡性、等级结构性；信息论使生态系统中的信息流动受到学者的重视，而不是只研究物质循环和能量流动；控制论强调反馈调节，反馈包括正反馈与负反馈，目前对于负反馈维持生态系统稳定的研究是热点之一，如植物-土壤反馈调节。此外，虽然生态学家们早就知道微生物在生态系统中的重要性，但传统生态学主要关注对象还是动物与植物，而现代生态学则对微生物投以了极大的关注，这既与知识水平的增长有关，同时与技术发展也是分不开的。

对环境保护的呼吁是生态学在大众心目中的一个重要职责，现代生态学所强调的系统的整体性、相互依存性等也的确是环境保护所依据的重要理论。卡逊的《寂静的春天》（1962）是引发环境保护事业的重要著作，书中描述了DDT等农药通过生物链对整个生物界的影响，包括人类在内。卡逊认为“控制自然是一个傲慢自欺的词组，始自生物学和哲学的最原始时期”[71]，实际上我们完全不了解在通过技术局部地征服自然的同时会造成怎样的深远影响和严重后果。她遭到了很多人的反对，特别是化学工业界，但是也引起了更多人的思考与行动，之后多个国家都禁止或限制了DDT等化学农药的使用。虽然在一些经济欠发达地区，由于传染病的存在，DDT的禁用也出现了一些反复。但卡逊对我们更大的启示作用是：在应用新技术时要注意对环境的影响，而这一点如今已经深入人心。拉夫洛克（James Ephraim Lovelock，1919—2022）于1972年提出盖亚假说，是影响最为广泛争议也最为热烈的一个生态学上的隐喻。他将古希腊神话的地母盖亚引入生态学理论中，认为地球整体是一个巨大的生命有机体，具有自我反馈调节的能力，地球上的各种生物与无机环境互相影响，两者共同进化。盖亚假说内涵丰富，至今仍处于争论之中，在某种程度上它是活力论的复活，但我们也可以从另一个角度将它看作全球性的生态系统整体论学说，不论如何，它对于唤起公众的环境保护意识是很有帮助的。环境保护和生态保护是当今这个时代每个人都应当具备的意识，我国也在近几十年间实施了各种生态工程，马世骏先生提出的“整体、协调、循环、自生”的原理是非常好的指导思想。当然，正所谓过犹不及，某些过激的环保主义者的行动并不可取，我们对此要辩证地看待。作为个体，我们要做的可能就是尊重自然、节制物欲，如果能在处理各种问题时真正做到这八个字，就可以算是一位合格的生态意识践行者了。

当前，一方面，我们在生态学的理论认识上取得了很大的进步，另一方面，很多问题也变得更加不清晰。生态系统是否存在真正的平衡点？怎样的生态系统才是稳定性最强的？环境保护与经济发展如何实现平衡？极端气候频发会对生态系统造成怎样的影响？如何克服这些影响实现环境保护？这些问题都依然在研究当中，我们的知识太有限，还不能真正掌握地球这个大生态系统的奥秘。不过，有一点是我们现在就可以做的，那就是保护生物多样性。既然不能确定去除任何一种生物会造成的影响，我们至少可以利用现有的生态学知识，从基因、物种、生态系统等各个层次上保护现存的生物多样性。其中种群是保护的重点，它是一切的基础，种群过小，其基因多样性会非常低，并容易造成种群的衰退甚至消亡；而物种是种群的集合，一个个种群消亡后，物种也会迎来灭绝；同时，关键种群的消失可能会引起整个生态系统的崩溃。希望各位教师在教学当中能够重视生物多样性，并将保护生物多样性的意义传递给学生，让我们尽己所能，为生态保护贡献自己的一份力量。

# 参考文献

1.罗桂环，汪子春．中国科学技术史生物学卷．北京：科学出版社，2005．

2.汪子春，田洺，易华．世界生物学史．吉林：吉林教育出版社，2009．

3.洛伊斯·N·玛格纳．医学史（第二版）．上海：上海人民出版社，2017．

4.李申．中国科学史．桂林：广西师范大学出版社，2018．

5.赵敦华．西方哲学简史．北京：北京大学出版社．2006．

6.罗素．西方哲学史．北京：商务印书馆．1963．

7.洛伊斯·N·玛格纳．生命科学史（第三版）．上海：上海人民出版社．2012．

8.恩斯特·迈尔．生物学思想发展的历史（第2版）．四川：四川教育出版社．2010．

9.奎纳尔·希尔贝克，尼尔斯·吉列尔．西方哲学史：从古希腊到当下．上海：上海译文出版社．2016．

10.朱石生．天才永生：维萨里与实证解剖．北京：新星出版社．2020．

11.孙毅霖．生物学的历史．南京：江苏人民出版社．2009．

12.赫伯特·巴特菲尔德．现代科学的起源．上海：上海交通大学出版社．2017．

13.朱石生．沥血叩心：哈维与血液循环论．北京：新星出版社．2020．

14.哈维．心血运动论．北京：北京大学出版社．2007．

15.约翰·格里克．科学简史：从文艺复兴到星际探索．上海：上海科技教育出版社．2014．

16.彼得·沃森．思想史：从火到弗洛伊德．南京：译林出版社．2018．

17.刘大椿等．一般科学哲学史．北京：中央编译出版社．2016：122．

18.梁飞．科学共同体概念、运行及其社会责任初探．法制与社会，2010，（035）：217-218．

19.陈世骧．进化论与分类学．昆虫学报，1977，20（4）：359-381．

20.Benjamin Prud’homme and Nicolas Gompel．Genomic hourglass．Nature，2010，468（7325）：768-769．

21.郭晓强．发育生物学奠基人：刘易斯．科学，2019，71（2）：51-54．

22.裴柳．果蝇与诺贝尔奖．生物学教学，2011，36（2）：44-45，41．

23.潘承湘．关于施莱登与施旺建立细胞学说的历史地位问题．自然科学史研究．1987，6（3）：273-280．

24.翟中和，王喜忠，丁明孝．细胞生物学（第4版）．北京：高等教育出版社．2011．

25.任衍钢，宋玉奇．有丝分裂是怎样发现的．生物学通报，2007，42（3），61．

26.尼克·莱恩．复杂生命的起源．贵阳：贵州大学出版社．2020.

27.詹姆斯·E·麦克莱伦第三，哈罗德·多恩．世界科学技术通史（第三版）．上海：上海科技教育出版社．2020.

28.罗桂环等．中国生物学史.近现代卷．南宁：广西教育出版社．2018.

29.朱石生．大成若缺：班廷与胰岛素．北京：新星出版社．2020.

30.梵星彤．关于“促胰液素的发现”实验的全新认知．中学生物教学，2021，（11）：56-57.

31.Moore C.R.．Sexual differentiation in the opossum after early gonadectomy．Journal of Experimental Zoology，1943，94（3）：415-461.

32.Josso N.．Professor Alfred Jost：the builder of modern sex differentiation．Sexual Development，2008，2（2）：55-63.

33.汪振儒．纪念李继侗先生．植物杂志，1983，（01）：39-41.

34.Ruben S.，Randall M.，Kamen M.，Hyde J.L.．Heavy oxygen（$O^{18}$）as a tracer in the study of photosynthesis．Journal of the American Chemical Society，1941，63（3）：365-373.

35.伊丽梅，林修愚．在“光合作用的过程”教学中渗透物质与能量观．生物学通报，2019，54（8）：31-33.

36.姜平．基于科学史发展科学思维和科学探究能力的教学设计——以“光合作用将光能转化成化学能”（第2课时）为例．中学生物学，2022，38（2）：32-34.

37.Highlights in photosynthesis research. NobelPrize.org. Nobel Prize Outreach AB 2023. Tue. 1 Aug 2023. https: //www.nobelprize.

org/prizes/chemistry/1988/8792-highlights-in-photosynthesis-research/

38.肖尊安．再论海尔蒙特的柳树实验．生物学通报，2011，46（3）：16-18.

39.Yuan M.H.，Jiang Z.，Bi G.Z.，Nomura K.，Liu M.H.，Wang Y.P.，Cai B.Y.，Zhou J.M.，He S.Y.，Xin X.F.．Pattern-recognition receptors are required for NLR-mediated plant immunity．Nature，2021，592：105-109.

40.何晓莹，李楚华．教材中“关于酶本质的探索”的几点探讨．中学生物学，2020（6）：3-5.

41.尼克·莱恩．生命的跃升：40亿年演化史上的十大发明．北京：科学出版社．2016.

42.朱石生．天花旧事：詹纳与牛痘接种．北京：新星出版社．2020.

43.朱石生．格微济世：弗莱明与青霉素．北京：新星出版社．2020.

44.阿尼克·佩罗，马克西姆·施瓦兹．巨人的对决．深圳：海天出版社．2018.

45.张贞发．发现病毒简史．中华医史杂志，2000，（02）：22-24.

46.谢强，卜文俊．进化生物学．北京：高等教育出版社．2010.

47.吴京平．达尔文的战争．长沙：湖南科学技术出版社．2019.

48.王道还．华莱士与达尔文．科学发展．2009，（444）：46-51.

49.王立铭．王立铭进化论讲义．北京：新星出版社．2020.

50.王亚馥，戴灼华．遗传学．北京：高等教育出版社．1999.

51.桂起权，傅静，任晓明．生物科学的哲学．四川：四川教育出版社．2003．

52.查尔斯·达尔文．物种起源：插图收藏版．南京：译林出版社．2018．

53.悉达多·穆克吉．基因传．北京：中信出版社．2018．

54.商周．孟德尔传：被忽视的巨人．长沙：湖南科学技术出版社．2022．

55.James Schwartz．In pursuit of the gene：from Darwin to DNA．Cambridge：Harvard University Press．2008．

56.孟德尔等．遗传学经典文选．北京：北京大学出版社，2012．

57.Nogler G.A.．The Lesser-Known Mendel：His Experiments on *Hieracium*．Genetics，2006，172：1-6．

58.Griffith F.．The Significance of Pneumococcal Types．Journal of Hygiene，1928，27（2）：113-159．

59.张艳荣，李志平．远离历史视野的谢和平（R. H. P. Sia）．医学史研究，2016，37（2A）：83-86．

60.霍勒斯·贾德森．创世纪的第八天．上海：上海科学技术出版社．2005．

61.埃尔温·薛定谔．生命是什么．长沙：湖南科学技术出版社．2003．

62.傅杰青．一个并不完美的分子生物学的奠基者——德尔布吕克．自然辩证法通讯，1995，17（3）：58-69．

63.曹聪．DNA结构中的第三个男性．读书．2004，（4）：86-96．

64.弗朗西斯·克里克．狂热的追求．安徽：中国科学技术大学出版社．1994．

65.程民治，戴风华，王向贤．威尔金斯：一个不被关注的发现DNA结构的物理学家．巢湖学院学报，2009，11（3）：35-42．

66.仇存网，钱红燕，崔彬彬，李丑，吴生才．对伞藻嫁接实验资料及相关内容的商榷．中学生物教学，2019，（8）：61-63．

67.孙咏萍．弗朗西斯·克里克对遗传密码研究的历史贡献．武汉：武汉大学出版社．2012．

68.王华峰，孙瑞娴．表观遗传学的提出者——沃丁顿．中学生物教学，2017，（3x）：50-51．

69.内莎·凯里．遗传的革命．重庆：重庆出版社．2016．

70.王立铭．基因编辑婴儿：小丑与历史．长沙：湖南科学技术出版社．2020．

71.唐纳德·沃斯特．自然的经济体系——生态思想史．北京：商务印书馆．2007．

72.吉尔伯特·怀特．塞耳彭自然史．郑州：郑州大学出版社．2021．

73.戈峰．现代生态学．北京：科学出版社．2008．

# 后 记

本书初具雏形，是在2013年的夏天。当时我要承担一门授课对象为在职研究生的生物学史课程，于是翻阅了不少资料，写就了初稿。后来，这门针对教师教育的科学史课程的授课对象扩大到了本科生与全日制研究生，我也在教学中有了很多新的感悟，陆续发表了一些与中学生物学教学有关的科学史相关论文，这些心得都陆续增加到了书稿当中。所以，本书的写作动机一直都是与教学密切相关的，也非常希望它真的能够帮助教师们用好科学史材料这个教学资源宝库。

我们都知道，科学史材料拥有极其丰富的教育价值。就生物学学科核心素养而言，科学思维与科学探究是科学史能够体现的最为显性的素养维度，我们可以带领学生分析科学家精妙的实验设计思路，并学着自己设计实验，也可以引导学生运用多种思维方法分析情境所反映的生物学现象，从而自主建构概念；而在这种学习过程中，学生可以自然而然地达成深度学习，真正理解生物学概念，也就发展起了生命观念这一核心素养；同时，在学习科学家的探索历程时，学生也可以感悟到生物学与现实生活的联系，增强社会责任感。就核心概念而言，每一段科学史实际上都体现了生物学概念的不断深化，比如随着遗传学和分子生物学相关科学史的学习，学生可以从多个维度深入理解基因与性状之间的关系，形成知识体系，建立大概念。就科学本质而言，科学史是渗透科学本质的最好的材料，利用这些具体的史料，我们可以引导学生加深对科学本身的认识，建立现代的科学观。而要实现这一切，需要教师对科学史有较为详细且深入的认识，才能删繁就简，合理安排材料，进行巧妙的教学设计，希望本书能够帮到大家。

正如前言中所说，生物学史内容极为广泛，本书也难免挂一漏万。可能有的读者会对某部分内容很感兴趣，但书中并未详述。为解决这一问题，书中列出了大量参考文献，供想要深入研究的读者参考。另外，书中浅涉了科学哲学的内容，这门学科实际上非常深刻，对我们理解科学史又有着很大的帮助作用，建议读者再阅读一些更为专门性的书籍，相信会使您对在教学中如何渗透科学本质产生新的思考。

本书为天津市2020年度哲学社会科学规划资助项目“基于学科核心素养的生命科学史梳理研究”的研究成果，感谢项目资助，也希望这一成果能够为生物学学科核心素养在教学中的落地贡献一份力量。

赵婷婷

2024年1月21日于天津